Tart It Up !

Sweet & Savoury Tarts & Pies

爱上香榭丽舍的滋味

西点大师的果挞坊

[法] 埃里克·兰拉德 著

[英] 凯特·维特克 摄

周妙文 译

南方日报出版社

NANFANG DAILY PRESS

中国·广州

图书在版编目(CIP)数据

爱上香榭丽舍的滋味：西点大师的果挞坊 /（法）埃里克·兰拉德著；周妙文译．—广州：南方日报出版社，2017.10
ISBN 978-7-5491-1625-6

Ⅰ．①爱…　Ⅱ．①埃… ②周…　Ⅲ．①西点—制作　Ⅳ．①TS213.2

中国版本图书馆CIP数据核字（2017）第154907号

爱上香榭丽舍的滋味：西点大师的果挞坊

AISHANG XIANGXIELISHE DE ZIWEI: XIDIANDASHI DE GUOTA FANG

作　　者：［法］埃里克·兰拉德
摄　　影：［英］凯特·维特克
译　　者：周妙文
责任编辑：阮清钰
特约编辑：雷晓琪
装帧设计：唐　薇
技术编辑：邹胜利

出版发行：南方日报出版社（地址：广州市广州大道中289号）
经　　销：全国新华书店
制　　作：◆ 广州公元传播有限公司
印　　刷：深圳市汇亿丰印刷科技有限公司
规　　格：760mm × 1020mm　1/16　11印张
版　　次：2017年10月第1版第1次印刷
书　　号：ISBN 978-7-5491-1625-6
定　　价：39.80元

如发现印装质量问题，请致电020-38865309联系调换。

Contents
目录

酥皮制作基础
PASTRY BASICS

咸味果挞和咸派
SAVOURY TARTS AND PIES

甜挞和甜派
SWEET TARTS AND PIES

Introduction

序言

我会永远记得第一次踏入坎贝尔市的勒格兰蛋糕店的糕点厨房的那个早上……我两腿发软，但极度兴奋，等不及要开始制作那些我从小就憧憬的美妙糕点。我信心满满地期待着，以为自己会从制作华丽精美的庆典蛋糕或婚礼蛋糕起步，却获知得先在酥皮部门磨炼六个月，一天到晚制作酥皮。我感到有些失落。但现在回想起来，才明白那几个月有多重要。制作酥皮是一项非常复杂的工艺，不管馅料、水果或者点缀品有多美味——如果酥皮品质不佳，会破坏整个用餐的感受。

所以那六个月的时间里，我都是用来学习如何做出上乘的酥皮——现在是时候了，我必须全力以赴，利用好身边所有的材料和工具，大胆创新，将这些挞和派变成可口的艺术品。我发现，大家希望一位出色的糕点师不仅能制作色香味俱全的甜点，也能创作出同样精彩的咸味糕点，所以近几年来朋友们都在催我写一写咸味作品的食谱，他们来我家参加即兴晚宴或露天午餐时，对这些咸味糕点都赞不绝口。

所以……新作登场！在这本新书中，你不但会学到做出上好酥皮的步骤和妙招，还能了解我多年来精心收集的烘焙美味馅饼的灵感——包括一些加入了我自己改造的经典作品，以及我从旅行中获得灵感而创作的新作品。希望你会像我的朋友们一样喜爱它们。

吻和拥抱，

埃里克

酥皮制作基础

PASTRY BASICS

油酥皮面团
Shortcrust pastry

在面团里加入新鲜或烘干的香草料，会给面团带来一些美妙的变化。

分量 / 450克，或足够铺满一个直径23厘米、深3厘米的烤模

准备时间 / 10分钟，冷却时间另计

250克中筋面粉，另备一些用于铺撒

1茶匙精盐

150克无盐黄油，切成碎片

1个鸡蛋，打成鸡蛋液

1汤匙牛奶

---

1 将中筋面粉和盐筛入大碗中。用手将黄油揉入其中，直到面粉变得像精细的面包屑。

2 中间挖空，加入剩下的食材。再一次用手将全部食材揉和，揉出一块光滑的面团。

3 将酥皮面团放在撒有薄薄一层面粉的桌面上，揉两到三下。用保鲜膜盖好，在使用前至少让它冷却30分钟。如何铺烤模以及如何用烤箱进行盲焙，请参考第10—11页的内容。

◆ 剩下的面团最久可以冰冻保存6个星期。

另一种选择

想做全麦酥皮的话，只要将中筋面粉的量减到125克，再加入125克全麦面粉，依照以上步骤制作即可。

1

2

法式甜味脆酥皮
Sweet shortcrust pastry

可以通过在这种酥皮中加入柑橘皮、薄荷、香料粉来变换口味。

分量 / 500克，或足够铺满一个直径25厘米、深3厘米的烤模

准备时间 / 10分钟，冷却时间另计

300克中筋面粉，另备一些用于铺撒
4汤匙金砂糖
200克无盐黄油，切成碎片
2个鸡蛋黄
2汤匙冷水
2茶匙香草酱或香草精

---

1 将中筋面粉筛入大碗中，加金砂糖搅拌。用手指将黄油揉入其中，直到面粉变得像精细的面包屑。

2 中间挖空，加入剩下的食材。再一次用手指将全部食材揉和，做出一块光滑的面团。

3 将酥皮面团放在撒有薄薄一层面粉的桌面上，团成一个球。用保鲜膜盖好，在使用前至少让它冷却30分钟。如何铺烤模以及如何用烤箱盲焙，请参考第10—11页的内容。

◆ 剩下的面团最久可以冰冻保存6个星期。

杏仁油酥皮面团
Almond shortcrust pastry

你也可以用其他的坚果粉来代替杏仁粉，比如榛子粉、核桃粉、开心果粉。

分量 / 600克，或足够铺满两个直径23厘米、深3厘米的烤模

准备时间 / 10分钟，冷却时间另计

100克糖粉
150克无盐黄油，切成碎片
50克杏仁粉
半茶匙香草酱或香草精
1—2滴杏仁香精
2个小鸡蛋，略微打散
225克中筋面粉，另备一些用于铺撒

---

1 将糖粉筛入大碗中。加入无盐黄油、杏仁粉、香草酱、杏仁香精，用手揉和，直到杏仁面粉变得像精细的面包屑。

2 将鸡蛋拌入其中。将中筋面粉筛入杏仁面粉中，用手指或刀刃把所有食材混合均匀。将酥皮面团放在撒有薄薄一层面粉的桌面上，团成一个球。用保鲜膜盖好，使用前至少冷却30分钟。如何铺烤模、如何用烤箱盲焙，请参考第10—11页的内容。

◆ 剩下的面团最久可以冰冻保存6个星期。

巧克力油酥皮面团
Chocolate shortcrust pastry

我最喜欢做的就是把食材所有的味道都融合到一起，相辅相成。没有什么能比这款口感浓郁的黑巧克力酥皮更适合搭配巧克力甜品的了。

分量 / 450克，或足够铺满一个直径25厘米、深3厘米的烤模

准备时间 / 10分钟，冷却时间另计

200克中筋面粉，另备一些用于铺撒

25克纯可可粉

50克糖粉

150克无盐黄油，切成碎片

3个鸡蛋黄

1茶匙香草酱或香草精

1—3 将中筋面粉、纯可可粉、糖粉一同筛入大碗中。用手将黄油揉入其中，直到面粉变得像精细的面包屑。

4—5 中间挖空，加入鸡蛋黄、香草酱、香草精。再一次用手将全部食材混合均匀，揉出一块光滑的面团。

6—7 将酥皮面团放在撒有薄薄一层面粉的桌面上，团成一个球。用保鲜膜盖好，在使用前至少让它冷却30分钟。如何铺烤模以及如何用烤箱进行盲焙，请参考第10—11页的内容。

◆ 剩下的面团最久可以冰冻保存6个星期。

1

5

2
3
4
6
7

奶油酥皮
Brioche pastry

这款奶香浓郁、口感柔滑的酥皮，用来做甜味和咸味馅饼都非常合适。用剩的酥皮生面团，可以先烘烤，然后盛放肉馅饼（pâté）或涂上黄油，淋上蜂蜜食用。

分量 / 900克

准备时间 / 10分钟，搓揉时间（25分钟）、发酵时间（2小时）、冷却时间（2小时）另计

75毫升温牛奶
15克新鲜酵母，或7克干酵母
500克中筋面粉，另备一些用于铺撒
7克精盐
6个鸡蛋，打成鸡蛋液
350克黄油
25克金砂糖

1

将温牛奶和新鲜酵母混合，如果你使用的是干酵母，则将温牛奶倒入罐中，撒上酵母，将它们搅拌混合。把混入酵母的牛奶放一边15分钟，或等到它发酵成泡沫状。

1—4 将中筋面粉、精盐筛在一起。准备一台带有勾状搅拌头的立式电动搅拌机，设定为低速，加入中筋面粉和精盐，然后逐渐在面粉中加入混合酵母的牛奶，再加入鸡蛋，搅拌均匀。设定中速将面团揉5分钟。用锅铲将碗的内面刮干净，设定更快一点的速度，再拌10分钟，待到面团几乎不再粘住碗内壁为止。

5 将速度再次降到中速，分几次一点点加入黄油和金砂糖，搅拌到全部混合均匀。将速度调到全速，搅拌面团8—10分钟，待到面团变光滑，不粘住碗内壁。

6 将面团放入一个撒有薄薄一层面粉的大碗里，用保鲜膜盖好。在室温中发酵2小时——面团应发酵到原来体积的两倍。

7 再次揉面团，挤掉所有空气。盖上保鲜膜，使用前冷却2小时。

2
3
4
5
6
7

千层酥皮
Puff pastry

这款酥皮可谓酥皮之王，它经过烘烤后的滋味和口感绝对值得你辛勤付出。没有用完的面团最久可以冰冻保存6个星期。

分量 / 1千克

准备时间 / 冷却一天两夜，其余冷却时间另计

400克中筋面粉，另备一些用于铺撒

1—1.5茶匙精盐

90克冷无盐黄油，切成碎片

210毫升冷水

300克无盐黄油，软化

1个大鸡蛋蛋黄和1汤匙牛奶搅拌混合，刷蛋液时使用

!

1 注意把酥皮上的多余面粉彻底清除干净，否则烘烤时会让千层酥皮膨胀得不好看。

2 擀酥皮的时候不要推得太用力，不然会破坏掉之前所擀好的漂亮的酥皮层。

3 由于千层酥皮配料里没有鸡蛋或糖，在烘烤前需要在上面刷上蛋液。

1 将中筋面粉和精盐筛入大碗，用指头将冷的无盐黄油揉入面粉。动作要快，尽量让面团保持冷却，否则面团会变得相当粘手。中间挖空，一次性加入所有冷水。使用橡胶锅铲或手逐渐将面粉引入水中，直至面粉和水融合，不要揉。

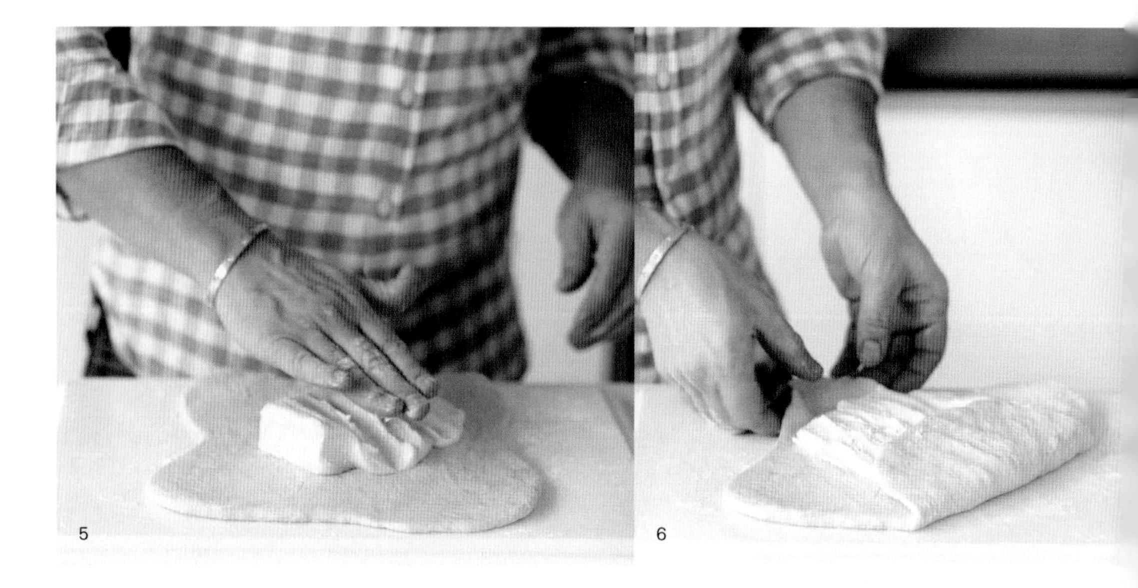

5　6

2 将面团放在撒有薄薄一层面粉的桌面上，揉几次，团成一个球，用保鲜膜包好，晾一个晚上。

3 面团和软化的黄油必须软硬度都差不多。如果觉得有必要，让面团在室温中变软，或者让黄油冷却变硬都是可以的。

4 在一块撒有薄薄一层面粉的板子上，将面团擀成一块长38厘米、宽30厘米的长方形。用软毛刷扫去所有留在表面上的面粉。

5–8 将一大块无盐黄油置于面皮的中心，稍稍压扁。将面皮的四条边折起来叠在黄油上；如果有必要，可以将面团拉长，因为黄油必须被完全盖住。叠好的边朝上，用擀面杖将面团来回擀几次；用擀面杖把面皮压皱，然后再慢慢将皱起的部分擀得更宽。重复这个动作，直到面皮铺展成原来的两倍大。以褶皱点开始，将面团擀成一个光滑均匀的长50厘米、宽20厘米的长方形，四角保持直角，纵向叠三叠，像叠商业信件一样。第一层就完成了。

9 将面团旋转90度，让折叠的几条边位于你的左边，面团在你面前就像一本书一样。擀平，再次重复制作褶皱的技巧。面团应该会被擀成一个光滑均匀的长50厘米、宽20厘米的长方形。将面团再叠三叠，第二层制作完成。用保鲜膜将面块包好，至少晾30分钟。

10 重复旋转、擀平、折叠的步骤，直到面团一共叠了五层。每叠两层，面团就要静置、冷却一段时间。将面块盖住，在擀或者烘烤前冷藏一个晚上。记得在开擀前、使用面团前，至少都要晾30分钟。

11 盲焙时，将面团擀成3—4毫米厚的薄片，转移到不粘烤盘中，用叉子在表面戳满孔，刷上打好的蛋液。放入预热好的烤箱中烘烤，温度200℃（风扇烤箱180℃）或燃气为6挡，每个挞需要烘烤15分钟，大一点的挞则需要烘烤25分钟，直到变金黄。烘烤时间根据酥皮的形状和大小也许会不同。

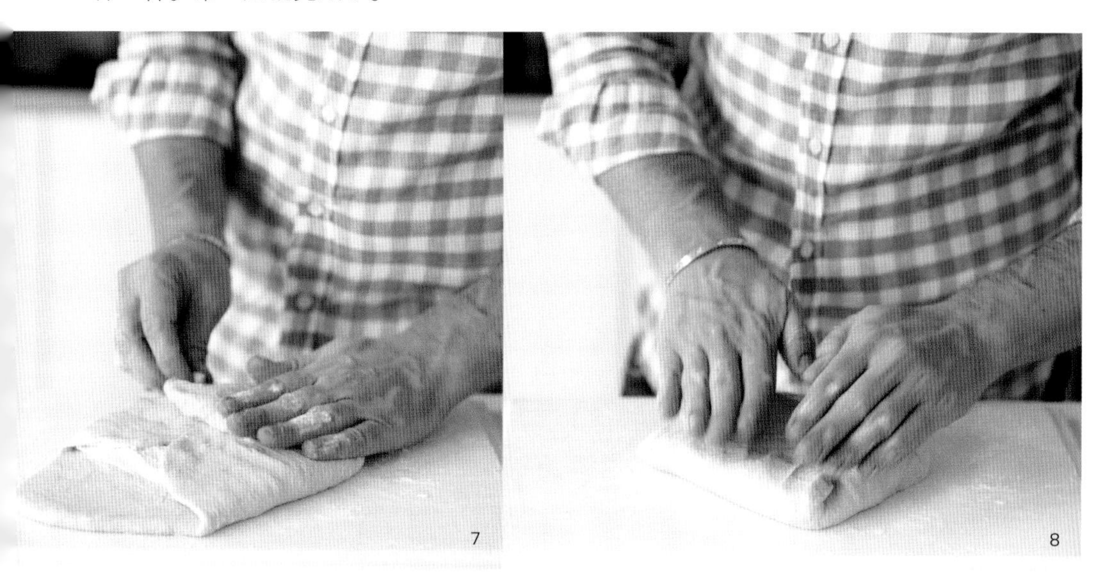
7 8

铺烤模
Lining a tin

1 在撒有薄薄一层面粉的桌面或一张保鲜膜上擀开酥皮，直到酥皮半径比你的烤模长6厘米。

2 给烤模抹上黄油，用擀面杖拎起酥皮，轻轻地将它盖在烤模上。做挞时，使用可脱底烤模最佳。如果有用到保鲜膜，要把它先揭下。

3 轻轻地将酥皮的边缘提起，慢慢将它放入烤模。将酥皮按压紧实，要注意使用指尖轻轻按压，确保酥皮和烤模紧贴在一起。

4 将多余的酥皮沿着烤模的边缘往外折，用擀面杖在烤模上一擀，多余的酥皮便被切下来了。用刮刀修整边缘不齐整的地方。

盲焙
Blind baking

1 对酥皮烤模进行盲焙的意思是烘烤时酥皮里不装馅料，以免馅料所含的水分让酥皮变湿。

2 用叉子在铺好的酥皮上戳洞。将它放入冰箱，冷却15分钟，这能避免在烘烤的过程中酥皮缩小。

3 将一大张不粘烤纸置于酥皮烤模底座和边缘上。在底座中填满烘豆——可以在大商场的厨具区，厨具专营店和大型超市中买到。

4 烤箱预热至180℃（风扇烤箱160℃）或燃气为4挡，放入烤盘，大份的挞需要烤10—15分钟，每个小挞烤8—10分钟，待酥皮定型，去掉烤纸、烘豆，将空的馅饼壳推入烤箱继续烘烤，大份的挞需要10分钟，每个小挞烤4—5分钟，待酥皮底变干变脆，酥皮边缘呈现出金黄色。

5 将烤好的酥皮面皮留在烤模中，继续准备其他的食材。

咸味果挞和咸派

SAVOURY TARTS AND PIES

过去咸辣风味的挞和派并不受欢迎，人们认为这种油腻味重的菜肴只适合在寒冷的天气食用，或只适合当作零食。现在，我将向你展示如何在一年当中使用各种当季食材，让咸辣风味的挞和派变为不折不扣的美食。在甜食的章节，你将看到奶油酥皮这样奶香浓郁的新型酥皮，或者了解到，一点额外的调味香草和坚果粉都会让许多经典菜品的品质得到提升。我对天然纯种的食材的热爱在本书中也有所体现，有些食谱里用到了纯种番茄，或我的最爱——五颜六色的传统甜菜根！同时，我还会教你如何用地道的方法制作以及重新认识真正的经典菜肴，比如洛林糕。

书写这些章节的灵感大部分来自旅行的记忆、家人和朋友、特殊时刻，或对美味食肆的拜访。我肯定这些食谱也会带给你启发，让你爱上全年烘烤咸辣风味的馅饼。

春日花园蔬菜挞
Spring garden green tart

这道春季咸挞看起来让人有种犹如在清晨的美丽蔬菜园中散步的感觉。它的味道很鲜美，你可以使用在自家菜园或者蔬菜店里找到的应季蔬菜。

6人份

准备时间 / 20分钟，冷却时间另计

制作时间 / 50分钟

黄油，用于涂抹
中筋面粉，用于铺撒
350克油酥皮面团（见第2页）
200克绿芦笋，除去尾端
70克新鲜豌豆
70克新鲜蚕豆
3个鸡蛋
75毫升希腊酸奶
200毫升高脂厚奶油
100毫升干白葡萄酒
1汤匙切碎的柠檬百里香叶
1汤匙剪成小段的细香葱
100克现磨的帕玛森奶酪
盐和现磨的黑胡椒粉

!

经常买一块帕玛森奶酪放在家里，做菜时就有现磨的奶酪碎了。

1 给一个长26厘米、宽20厘米、深3厘米的长方形烤模抹上黄油。撒上一层薄薄的面粉，将酥皮铺上，在烤模边缘捏好边。用叉子轻戳饼底。将烤模放入冰箱，同时准备馅料。

2 在炖锅中加水，放点盐，煮开。加入芦笋煮5分钟，煮到芦笋不硬不软的状态。用篦式漏勺捞起芦笋，在冷水下冲洗冷却。豌豆也用同样的方法煮3分钟，然后是蚕豆，煮5分钟。

3 同时，将烤箱预热至180℃（风扇烤箱160℃）或燃气挡为4。

4 将鸡蛋打入碗中，加入希腊酸奶、高脂厚奶油、干白葡萄酒，最后放入新鲜调味香草。充分混合，用盐和胡椒调味。

5 在酥皮面团的烤模里铺上一半帕玛森奶酪，将芦笋、豌豆、蚕豆较为美观地摆在上面，撒上剩下的奶酪碎。小心浇上调好的蛋液，至正好填满烤模。推入烤箱烘烤30—35分钟，烤到馅饼熟透凝固、呈现好看的金黄色即可。

◆ 在家用餐时，我会用一道芹菜蛋黄酱和几片烤火腿来搭配这道可口的馅饼。

地中海挞
Mediterranean tart

“地中海”这个词已经道出了这份挞的重点——圆滚滚的茄子、五彩缤纷的圣女果、新烤好的哈罗米奶酪、鳀鱼、刺山柑花蕾，吸收了浓厚的意大利乳清干酪和奶油的味道，共同组成了一份鲜美的馅料。

6人份

准备时间 / 25分钟

制作时间 / 1小时35分钟

酥皮

250克中筋面粉，另备一些用于铺撒少许盐

125克无盐黄油，冷却，切块，另备一些用于涂抹

1个鸡蛋黄

2—3汤匙冷水

馅料

4汤匙橄榄油

3个中等大小的红洋葱，切片

盐和现磨的黑胡椒粉

1个大茄子，切成1厘米厚的片

200克意大利乳清干酪

2个鸡蛋，打成鸡蛋液

50毫升高脂厚奶油

150克哈罗米奶酪，切成薄片

150克圣女果，切成两半

6条鳀鱼，纵向切成细条

1汤匙刺山柑花蕾，冲洗过

新鲜牛至叶

1 首先制作酥皮，将面粉和盐倒入一只大碗，揉入冷却的无盐黄油，直到面粉像精细面包屑。用刀将鸡蛋黄引入，然后逐渐加入足够的冷水直到鸡蛋面粉变成面团——分几次、一点一点地加水能防止面团变得过黏。将一个直径23厘米、深3厘米的烤模抹上黄油，铺入酥皮（见第2页）。将烤模放入冰箱冷却30分钟。

2 将烤箱预热至200℃（风扇烤箱180℃）或燃气挡为6。将酥皮烤模从冰箱中取出，用叉子将底座戳洞。填入防油纸，铺上烘豆。盲焙15分钟，去掉烘豆和防油纸，再烘烤10分钟，待酥皮呈金黄色。

3 同时制作馅料，在厚底锅中加热一半橄榄油。倒入红洋葱，撒少许盐，小火轻炒，不时地搅拌一下，直到红洋葱释放出本身的糖分，开始变成金黄色。这个过程用时10—12分钟。

4 将烤箱预热至200℃（风扇烤箱180℃）或燃气挡为6。加热红洋葱的同时，给茄片刷上剩下的橄榄油。加热一只炖锅或煎锅，将茄片置于热锅中，煎至两面变得轻微焦黄。我建议分批煎制茄片。

5 将意大利乳清干酪放入一只中等大小的碗中，搅拌到奶酪变得丝滑后，加入鸡蛋液和奶油，用盐和黑胡椒粉调味。

6 在烤好的酥皮面团烤模里铺满炒软的红洋葱，在上面交叉铺好圣女果和哈罗米奶酪*。铺好茄片和奶酪后，再铺上对半切的圣女果。将蛋奶糊倒入，最后在挞的顶部覆盖上鳀鱼条、刺山柑花蕾、大把的牛至叶。

7 将烤模再次推入烤箱烘烤20—25分钟，待烤至挞饼定型，呈现金黄色即可。在端上桌前给挞淋上些橄榄油。

* **哈罗米奶酪** 英语为Haloumi Cheese，一种用羊奶制作的干酪，原产希腊。

焦糖洋葱菲达奶酪挞
Caramelized onion and feta tarts

这个小巧的挞特别适合作为清淡的开胃菜，可在野餐、露天用餐时享用。长时间慢慢地加热红洋葱能带出鲜美的甜味，意大利香醋更是为这甜味锦上添花。菲达奶酪和略微烘烤过的番茄味道则奇妙地从这甜味中一涌而出，抵达你的舌尖。

6人份

准备时间 / 20分钟

制作时间 / 1小时

200克圣女果，切成两半

3汤匙特级初榨橄榄油

1瓣大蒜，切成细末

25克无盐黄油

625克红洋葱，切成薄片

2汤匙意大利香醋

6个经过盲焙的酥皮面团，每个直径10厘米，使用300克自制千层酥皮（见第8—9页）

2把芝麻菜

150克菲达奶酪

盐和现磨的黑胡椒粉

2茶匙切碎的牛至叶或百里香叶，点缀用

---

1 将圣女果置于烤盘上，切口向上，淋上1汤匙橄榄油，撒上少许蒜末，用盐和胡椒调味。

2 将圣女果推入预热至160℃（风扇烤箱140℃）或燃气挡为3的烤箱，烘烤25分钟，待圣女果变柔软但未糊烂，取出烤盘。然后将烤箱的温度上调到180℃（风扇烤箱160℃）或燃气挡为4。

3 同时，将红洋葱加热至焦糖色。在炖锅中放入无盐黄油和1汤匙特级初榨橄榄油。加入红洋葱，小火轻轻加热10—12分钟，持续翻炒——这是一道费时的工序，但也是个很有趣很特别的过程。当红洋葱煮至焦糖色，但未转为褐色（应呈现出深粉红色）时，将意大利香醋倒入搅拌。

4 把红洋葱分别装入烤好的酥皮面团烤模中，然后再放入烤箱中，重新烤6分钟。

5 装盘时，将芝麻菜高高地堆在挞上。将几颗烤好的温热的圣女果在边缘摆成一圈，磨碎菲达奶酪，大量撒于顶部。淋上剩余的特级初榨橄榄油，用切碎的牛至叶或百里香叶点缀即可。

摩洛哥帕斯提拉馅饼挞
Moroccan 'pastilla' tart

我在第一次拜访阿特拉斯山脉时就深深地爱上了这道摩洛哥菜。制作过程中，人们使用了一个巨大的露天木烤箱，馅饼出炉时外观跟蛋糕相似，但尝起来鲜美多汁，香辣可口。传统菜式用的是鸽子肉，但我喜欢用鸡肉，口感不会太干。

8人份

准备时间 / 35分钟

制作时间 / 1小时

500克红洋葱，切成细末

200克无盐黄油，另备一些用来涂抹烤盘

900克鸡肉片

1把新鲜香菜，粗略切碎

2汤匙肉桂粉

2茶匙摩洛哥混合香料

1茶匙藏红花

1汤匙黄砂糖

50毫升鸡肉高汤或蔬菜高汤

500克布里克酥皮（Brik Pastry），或千层酥皮

125克杏仁粉

4个熟鸡蛋，粗略切碎

1个鸡蛋，略微打散

1汤匙糖粉和1茶匙肉桂粉混合

海盐和现磨的黑胡椒粉

布里克酥皮是一款源自中东的酥皮，在甜味和咸味馅饼中都会用到。它比千层酥饼皮稍微厚一些，但使用方法相同；如果用不习惯，可以用千层酥皮代替，但可能每一层要用两张千层酥皮才能达到所需的厚度。

1 在炖肉浅锅中加热一半分量的无盐黄油，倒入红洋葱，小火轻轻翻炒大约15分钟。依次加入鸡肉、香菜、肉桂粉、摩洛哥混合香料、藏红花、黄砂糖，并用盐和黑胡椒粉调味。倒入高汤，盖上锅盖，小火煮20—25分钟，时不时搅拌。如果汤水煮干了，可加入多点的高汤——但是最终做好的鸡肉片必须是比较干的，不然会把酥皮弄得太湿。将鸡肉撕成2厘米的长条，晾置一边。

2 将烤箱预热至190℃（风扇烤箱170℃）或燃气挡为5。给一个直径23厘米、深3厘米的烤模抹上大量黄油。

3 在烤模中将布里克酥皮交叉叠起，确保跟烤模的边缘交叠，预留两张酥皮用来最后覆盖顶部。用一块湿布盖在暂不使用的酥皮上，免得变干。在酥皮上铺一层鸡肉条，撒上少许杏仁碎、鸡蛋碎。重复地在每层酥皮上铺好鸡肉条、杏仁碎、鸡蛋碎，直到铺完。

4 将剩下的无盐黄油切小块，摆在馅料的顶部。将跟烤模交叠的酥皮往里折，盖住挞的顶部，然后用预留的酥皮盖住。在顶部刷上打好的鸡蛋液。推入烤箱烘烤25分钟，待酥皮呈现出好看的金黄色即可。

5 出炉后立刻在挞上撒大量糖粉和肉桂粉。再配上一份用新鲜的香草和意大利香醋做成的芝麻菜香草沙拉，就完美了。

布列塔尼海鲜挞
Brittany seafood tart

这道菜肴对我来说是一个回忆，一个来自我的家乡布列塔尼的美味回忆。我猜也许这道菜是因为人们需要处理吃剩的海鲜才发明的，但现在，它是一道色香味俱全的完美主菜。

6人份

准备时间 / 20分钟

制作时间 / 42分钟

15克无盐黄油

2根嫩韭葱，给白色的茎部切片

250克去壳鲜扇贝，洗净

2茶匙白兰地

250毫升高脂厚奶油

1汤匙番茄泥

1瓣大蒜，切成细末

2个鸡蛋，打成鸡蛋液

250克格鲁耶尔奶酪，磨碎

半茶匙辣椒粉

半茶匙甜椒粉

100克贻贝，煮熟去壳

150克鳕鱼或黑线鳕鱼块，去皮去骨，切丁

1个经过盲焙的油酥皮面团（见第2页），置于直径23厘米、深3厘米的烤模中

现磨的黑胡椒粉

1 将烤箱预热至180℃（风扇烤箱160℃）或燃气挡为4。

2 将黄油放入煎锅加热至融化，加入嫩韭葱，小火加热炒软，把它们拨到锅的一个边缘。

3 在同一口煎锅里，用中大火煎制扇贝1—2分钟，直至变色。将火力下调到中档，加入白兰地后用火烧锅（Flambé，见下面的小提示），然后将嫩韭葱从火上移开，放在一边。

4 将高脂厚奶油倒入一只大碗内，加入番茄泥、蒜末、鸡蛋液、格鲁耶尔奶酪、各种香料。只用黑胡椒粉调味，因为格鲁耶尔奶酪本身已经非常咸。

5 将所有的海鲜食材，包括生鱼肉，放入烤好的酥皮面团烤模中。加入嫩韭葱，淋上第4步的混合酱，推入烤箱烘烤35—40分钟，待呈现好看的金黄色即可。

6 出炉后直接上桌，配菜为新鲜莳萝菠菜沙拉，淋上香气扑鼻的柠檬汁和橄榄油调味。

“Flambé”在法语里的意思是“火烧”，首先用中小火加热煎锅，站在离锅一臂远的地方倒入酒，然后用长火柴或细长蜡烛在锅的边缘点火。退后，火焰燃起后烧几秒钟，直到酒精全部烧完。

翻转番茄挞

Upside-down heirloom tomato tatin

令人高兴的是，多亏了那些本地农贸市场，我才可以随时买到种类繁多的蔬菜和水果。我热爱纯种番茄，用它来做一份五彩缤纷的沙拉再好不过，味道也极美。这道挞是经典翻烤苹果派的咸味版本。

8人份

准备时间 / 15分钟

制作时间 / 50分钟

500克现成或自制千层酥皮（见第8—9页）

中筋面粉，用于铺撒

2茶匙特级初榨橄榄油

1把百里香，摘下叶子

12个不同颜色的纯种番茄，切成两半

75克格鲁耶尔奶酪，磨成细末

2汤匙芥末籽酱

1把罗勒

盐和现磨的黑胡椒粉

---

1 准备一只直径25厘米、深4厘米的耐热烤模（或者苹果派烤盘，如果家里有）。在撒有薄薄一层面粉的桌面擀开一张酥皮，直到酥皮变为3—4毫米厚。从酥皮中切出一块大面皮，直径比烤模长7厘米。

2 在烤模内抹上特级初榨橄榄油。在烤模底部撒上百里香叶。

3 将烤箱预热至200℃（风扇烤箱180℃）或燃气挡为6。用盐和黑胡椒粉给番茄调味，然后切口朝上填入烤模；要塞紧，因为番茄烘烤后会缩小。推入烤箱烘烤25分钟，然后小心地倒掉烘烤过程中烤出的酱汁；撒上格鲁耶尔奶酪末。

4 用铲刀将芥末籽酱小心地抹在酥皮圆盘上。将酥皮涂了芥末酱的一面盖在番茄上，将酥皮多出的面皮往里捏，形成一个酥皮外壳。用叉子在酥皮上戳几个洞，以便让蒸汽散发。

5 把整个馅饼推回烤箱里，烘烤25—30分钟，待酥皮变得金黄酥脆即可。将一个大盘子盖在烤模上，紧紧地压住烤模，然后翻转过来，让馅饼落到盘子上。小心别被热酱汁烫着。端上桌前，在馅饼上撒些罗勒叶。

6 趁热吃风味最佳，可配上法国菜豆和蚕豆混合做成的冷沙拉，淋上红葱头酱调味。

翻转番茄挞 **详细步骤**

1 擀开一张酥皮，切出一块直径比烤模长7厘米的大面皮。

2 给烤模抹油，加入百里香叶，给纯种番茄调味后摆入烤模中，番茄切口朝上。

3 推入烤箱烘烤，倒出所有烤出的酱汁。

4 在番茄上撒奶酪碎。

5 把奶酪均匀地铺在番茄上面。

6 在酥皮上抹上芥末籽酱，再将酥皮覆盖在番茄上。

7 将酥皮的边缘捏进去，推入烤箱烘烤。

8 将一只大盘子压在烤好的馅饼上。

9 将馅饼翻转过来，扣到盘子里即可。

U.S

无花果五花肉意式奶酪挞
Fig, lardon and dolcelatte tart

最有意思的是，当你成功地做出一道新菜式之后，你就会不由自主地想继续尝试。在想出这道菜式的那一个星期里，我又连续做了五次！它是我理想中的清淡午餐或者开胃菜——食材营养均衡，味道也很美！

8人份

准备时间 / 20分钟，冷却时间另计

制作时间 / 1小时

酥皮

250克中筋面粉，另备一些用于铺撒

盐少许

75克核桃，切成碎末

150克冷无盐黄油，切成碎片，另备黄油用于涂抹

1个鸡蛋黄

1—2汤匙冷水

馅料

8个熟无花果，切成四瓣

2茶匙橄榄油

100克咸五花肉丁

150克马斯卡邦尼奶酪

2个鸡蛋，打成鸡蛋液

50毫升牛奶

2茶匙切碎的新鲜百里香，另备带叶的小枝用来点缀

150克意大利蓝纹干酪，捏碎

盐和现磨的黑胡椒粉

1 为长24厘米、宽7厘米、深3厘米的烤模，或者大小相仿的烤模抹上少许黄油。

2 先制作酥皮，将中筋面粉、盐、核桃碎放入碗内搅拌混合，揉入冷无盐黄油，直到面粉像精细的面包屑。加入鸡蛋黄搅拌，逐渐加入足够的冷水直到鸡蛋面糊变成一个紧实的面团——分几次一点点地加水，以防面团太湿粘手。

3 将面团放在撒有薄薄一层面粉的桌面上擀开，铺入烤模中（见第10页）。将铺好的烤模放入冰箱冷却30分钟。

4 同时，将烤箱预热至200℃（风扇烤箱180℃）或燃气挡为6。

5 酥皮烤模冷却完成后，用叉子在上面戳满小洞，盖上一张防油烤纸，倒入烘豆。盲焙20分钟，然后去掉防油烤纸和烘豆，再推入烤箱烤10分钟，烤到酥皮开始呈现金黄色。

6 将成熟的无花果一圈一圈地铺满烤模的底座。推入烤箱烘烤10—12分钟，待无花果变软即可。在煎锅中加热橄榄油，轻轻翻炒咸五花肉丁直到开始变色。咸五花肉丁出锅，放在一边。

7 将马斯卡邦尼奶酪置于一只中型碗中，搅拌至变软，然后加入鸡蛋液和牛奶，搅拌直至蛋奶糊变丝滑。

8 用少许盐和黑胡椒粉调味，并加入切碎的百里香。将炒过的咸五花肉丁和捏碎的意大利蓝纹干酪撒在烤软的无花果上，倒入蛋奶糊。

9 在挞上撒少许百里香的带叶小枝，推入烤箱烘烤20—25分钟，馅料烤熟，呈现金黄色即可。

◆ 我喜欢等这份挞降至室温时再端上桌，搭配稍微调味的沙拉叶享用。

“地道”洛林糕

'proper' quiche Lorraine

这是一款源于法国东部地区的菜谱。我想，这大概是世界上最受欢迎的咸味馅饼，但常常容易搞砸。其实，它是很简单的一道菜，也不需要太多材料，从烤箱里拿出来趁热吃，十分美味。

8人份

准备时间 / 15分钟

制作时间 / 45分钟

1个经过盲焙的油酥皮面团（见第2页），置于直径22厘米、深4.5厘米的烤模中

4个鸡蛋

25克黄油

1茶匙橄榄油

2个红葱头，切成细末

150克咸五花肉丁

250毫升高脂厚奶油

125克磨成细末的格鲁耶尔奶酪

半茶匙新磨肉豆蔻粉

盐和现磨的黑胡椒粉

经常在家中置备整颗的肉豆蔻，做菜时可使用现磨的肉豆蔻粉，味道比一般罐装的肉豆蔻粉要香得多。

1 将烤箱预热至200℃（风扇烤箱180℃）或燃气挡为6。

2 打好1个鸡蛋，将蛋液刷在油酥皮面团烤模的内面。推入烤箱烘烤8—10分钟，待油酥皮面团呈现金黄色即可（这一步是为了将挞密封起来），晾置一边。将烤箱的温度下调至180℃（风扇烤箱160℃）或燃气挡为4。

3 将黄油和橄榄油倒入煎锅中，小火加热。倒入红葱头，轻轻加热直到呈现金黄色，时不时翻炒。红葱头出锅，放在一边。

4 在同一口锅中加入咸五花肉丁，在之前炒红葱头后留下的酱汁中翻炒肉丁直至呈现金黄色。咸五花肉丁出锅，跟红葱头放在一起，晾一边备用。

5 打好剩下的鸡蛋，拌入高脂厚奶油、格鲁耶尔奶酪、肉豆蔻粉，加入盐和黑胡椒粉调味。记住，咸五花肉丁和格鲁耶尔奶酪本身就有咸味。

6 将炒好的咸五花肉丁和红葱头倒在酥皮烤模里，将蛋奶糊转移到一只罐子里。将烤模置于烤箱架上，将蛋奶糊倒在咸五花肉丁上，填满酥皮面团烤模，直到馅料与烤模边缘齐平。推入烤箱烘烤25—30分钟，待馅料融合凝固，洛林糕顶部呈现好看的金黄色即可。

7 趁热上桌，配以菜叶沙拉，可以淋点核桃油。

比利时菊苣帕尔玛火腿挞
Belgian endive and parma ham tart

我来自法国布列塔尼半岛，那里种着许多法国特有的蔬菜和莴苣，其中菊苣或比利时菊苣是最常用于制作沙拉的。这款挞的灵感得自于童年的一道菜肴——蜜糖火腿烤菊苣。现在我把它变成了一款挞，用帕尔玛火腿代替了蜜糖火腿。

8人份

准备时间 / 15分钟

制作时间 / 45分钟

4把菊苣（带有红色茎脉的比较好看）

8片帕尔玛火腿

2个鸡蛋

200毫升高脂厚奶油

2茶匙香葱末

30克现磨的帕玛森奶酪末

1个经过盲焙的全麦油酥皮面团（见第2页），置于直径23厘米、深4.5厘米的烤模中

盐和现磨的黑胡椒粉

---

1 将菊苣蒸12分钟，或蒸到容易被刀切开即可。将菊苣置于厨房用纸上，晾置一边。

2 将烤箱预热至180℃（风扇烤箱160℃）或燃气挡为4。

3 纵向将菊苣切成两半，每一半用一片帕尔玛火腿卷住，菊苣的一头伸出来一些没关系。

4 将鸡蛋打在碗里，倒入高脂厚奶油、香葱末、帕玛森奶酪、盐、黑胡椒粉搅拌（记住帕尔玛火腿是咸的）。

5 将用火腿卷住的菊苣摆入烤好的酥皮烤模中，伸出菊苣的一头搁在酥皮壳的边缘。将蛋奶糊浇在菊苣上，填满酥皮烤模，推入烤箱烘烤25—30分钟，待馅料烤至呈金黄色，注意别烤过头了，否则火腿会变得过干。

在用火腿将菊苣卷起来之前注意将菊苣彻底晾干。

第戎芥末酱番茄挞
Tomato and Dijon mustard tartes fines

每当我没时间或者只想简单吃一顿的时候，这款挞就是我的最佳开胃菜。

6人份

准备时间 / 15分钟

制作时间 / 15分钟

500克现成或自制千层酥皮（见第8—9页）

中筋面粉，用于铺撒

1个鸡蛋黄，搅拌混合

6茶匙第戎芥末酱

6个李形番茄，纵向切片

新鲜或干燥的牛至，用于铺撒

橄榄油

6个125克的马苏里拉奶酪球，晾干

1把芝麻菜

盐和现磨的黑胡椒粉

---

1 将烤箱预热至200℃（风扇烤箱180℃）或燃气挡为6。

2 将酥皮放在撒有薄薄一层面粉的桌面上擀开，直至厚度为3毫米。用酥皮切刀或炖锅作为模子，在酥皮上切出6个直径15厘米的圆形酥皮，置于两张烤板上。

3 用酥皮刷将蛋黄液刷在圆形酥皮内面的边缘。用叉子轻戳中心部分。在每张圆形酥皮的中间均匀地抹上一层第戎芥末酱，不要抹到刷了蛋黄液的部分。

4 将李形番茄片交叉叠在第戎芥末酱上。用盐和黑胡椒粉调味，撒上新鲜或干燥的牛至，淋上少许橄榄油。推入烤箱烘烤15—20分钟，待酥皮呈现好看的金色。

5 将一个个热腾腾的挞盛入盘内。用快刀在每个马苏里拉奶酪球上深深地划一刀。把奶酪球放在每个挞的中心，塞入新鲜的芝麻菜。淋上橄榄油上桌。

你可以用番茄香蒜酱或罗勒青酱来代替芥末酱。

香菇菲达圣女果挞
Field mushroom, feta and cherry tomato tart

这道色彩明亮的挞可以作为开胃菜，也可以搭配像炒小白菜这样口感香脆的小菜作为主餐享用。

6人份

准备时间 / 10分钟

制作时间 / 45分钟

150克不同颜色的圣女果，切成两半
2汤匙橄榄油
1瓣大蒜，切成细末
300克混合野蘑菇
4个鸡蛋
150克菲达奶酪，捏碎
2汤匙橄榄油
一根香葱，剪成小段
1个经过盲焙的油酥皮面团（见第2页），置于直径23厘米、深3厘米的烤模中
盐和现磨的黑胡椒粉

---

1 将所有圣女果切成两半，置于烤盘中。将烤箱预热至180℃（风扇烤箱160℃）或燃气挡为4，放入圣女果烘烤10分钟待其稍微变软。取出放到一边，让烤箱继续开着。

2 在煎锅中倒入橄榄油加热。加入蒜末和野蘑菇，小火加热10分钟，时不时翻炒。如果有需要，用厨房用纸将蘑菇擦干后放到一边。

3 将鸡蛋打入碗中，加入菲达奶酪，混合均匀。倒入野蘑菇和香葱段，再加入盐和黑胡椒粉调味。

4 将野蘑菇鸡蛋液倒入烤好的酥皮面团烤模中，将烤好的圣女果片摆在顶部。推入烤箱烘烤25—30分钟，待馅饼呈现金黄色即可。

切勿用水洗蘑菇——用一张干净的厨房用纸把它们擦干净即可。

西葫芦丝烤甜椒挞
Courgette ribbon and roasted pepper tart

一眼看过去，这道馅饼光是诱人的色彩就会让你食指大动…… 作为舒心又新鲜的开胃菜是个不错的选择，冷吃热吃均可。

8人份
准备时间 / 15分钟
制作时间 / 50分钟

1个大红甜椒
1个大黄甜椒
2汤匙橄榄油
300克西葫芦，纵向切薄片
2个鸡蛋
300毫升高脂厚奶油
50克红莱斯特干酪，磨成细末
几把新鲜迷迭香，摘下嫩叶使用
1个经过盲焙、加入普罗旺斯香草的油酥皮面团（见第2页），置于边长22厘米、深3厘米的正方形烤模中
盐和现磨的黑胡椒粉

---

1 用竹签或叉子串起甜椒置于火上，烤至甜椒皮部分起泡变黑；如果没有天然气灶，将甜椒放入沸水中焯2—3分钟亦可。将甜椒放入碗中，用一条干净的茶巾盖住晾凉。去掉变黑的表皮，将甜椒切成四瓣，去籽。

2 将橄榄油倒入热煎锅中加热，轻轻加热丝带状的西葫芦片5分钟，小心别弄断。西葫芦片出锅，放在一边。往锅中倒入甜椒，炒10分钟直到变软，放在一边。同时，将烤箱加热至180℃（风扇烤箱160℃）或燃气挡为4。

3 在碗中混合鸡蛋、高脂厚奶油、莱斯特干酪、迷迭香嫩叶。撒少许盐和黑胡椒粉调味。将西葫芦片和甜椒雅致地摆放在烤好的酥皮烤模中，浇上蛋奶糊。推入烤箱烘烤30—35分钟，待馅料融合，呈现金黄色即可。

4 这道馅饼冷热皆可食，但是最好是当天做当天吃，不然甜椒溢出的酱汁会令那酥脆的普罗旺斯香草酥皮浸湿变软。

黑橄榄洋蓟挞
Artichoke and black olive tart

我的家乡，法国的布列塔尼是洋蓟的最大产地，相信我——因为我吃过真不少！直到去意大利旅行我才发现洋蓟的新吃法。这道馅饼包含了所有来自意大利南部的珍馐美味。

8人份

准备时间 / 10分钟

制作时间 / 25分钟

200克腌洋蓟，挤干水分，每个切成四瓣

100克希腊卡拉马塔出产的黑橄榄，去核，粗略切碎

1个经过盲焙的、加入了25克帕玛森奶酪的油酥皮面团（见第2页），置于直径23厘米、深3厘米的烤模中

150克软山羊奶酪

100毫升高脂厚奶油

3个鸡蛋

1汤匙切碎的新鲜百里香叶

盐和现磨的黑胡椒粉

---

1 将烤箱预热至180℃（风扇烤箱160℃）或燃气挡为4。

2 将腌洋蓟和去核的黑橄榄摆在烤好的酥皮烤模里。混合山羊奶酪、高脂厚奶油、鸡蛋、新鲜百里香叶，用盐和黑胡椒粉调味。

3 将蛋奶糊倒在腌洋蓟和去核卡拉马塔黑橄榄上，推入烤箱烘烤25分钟，待馅料融合凝固，微微呈现金黄色即可。

买整颗的橄榄，在使用前去核——这样的橄榄味道会比现成的去核橄榄更好。

沃道夫沙拉挞
Waldorf-inspired tart

我对一道非常传统的沙拉做了小改动，将它做成了馅饼，老实说，这些食材搭配得太完美了，生吃熟吃皆是人间美味。

8人份

准备时间 / 20分钟

制作时间 / 50分钟

200克罗克福干酪*，或其他蓝纹奶酪

200毫升法式酸奶油

4个鸡蛋

半茶匙现磨的肉豆蔻粉

2茶匙橄榄油

2个红葱头，切成细末

200克芹菜，切成长1厘米的块

200克切成两半的烤核桃

50克红葡萄，切成两半

1个经过盲焙的千层酥皮面团（见第8—9页），长25厘米、宽20厘米，使用350克现成或自制的千层酥皮

125克法国孔泰奶酪**，或其他有嚼头的硬奶酪，磨成细末

现磨的黑胡椒粉

---

1 将烤箱预热至180℃（风扇烤箱160℃）或燃气挡为4。

2 用手指将蓝纹奶酪在碗中捏碎。再倒入法式酸奶油，然后打入鸡蛋，加入肉豆蔻粉和黑胡椒粉搅拌。

3 在煎锅中加热橄榄油。加入红葱头翻炒，中火加热直至呈现金黄色，出锅，放在一边。往锅中加入芹菜，轻轻翻炒10分钟——保留一点脆脆的口感。在芹菜出锅之前，拌入核桃、红葡萄和炒过的红葱头。充分拌匀后，用勺子将拌好的蔬菜拨到烤好的酥皮烤模中。

4 将蛋奶糊倒入酥皮烤模，撒上少许法国孔泰奶酪，推入烤箱烘烤35分钟，待馅料融合凝固并呈现金黄色即可。

罗克福干酪没有外皮，但是你在使用其他蓝纹奶酪时，可能需要先去除外皮再用。

* **罗克福干酪** 法语为“LeRoquefort”，一种羊奶蓝纹干酪，原产法国，不带外皮，通体布有均匀的蓝绿色纹路，带有强烈的盐香味，与意大利戈贡佐拉奶酪、英国斯蒂尔顿干酪并称世界三大蓝纹奶酪。

** **孔泰奶酪** 法语为“Comté”，原产法国的古老奶酪，由未经杀毒的牛奶制成，外皮暗棕色，内里浅黄色，质地较硬而有韧性，尝起来味道较重，带有轻微甜味。

黑布丁苹果挞

Black pudding and apple tart

童年时候，我与家人经常在家做美味的住家菜。我们的大餐之一就是黑布丁和烤苹果。这是一对非常棒的搭档……黑布丁苹果挞的灵感就是来自我童年里最爱的菜肴之一。

8人份

准备时间 / 15分钟

制作时间 / 40分钟

50克无盐黄油

250克青苹果，削皮去壳，切成四瓣

150毫升高脂厚奶油

100毫升牛奶

2个大鸡蛋

2茶匙五香粉

250克黑布丁

1个经过盲焙的油酥皮面团（见第2页），置于直径23厘米、深3厘米的烤模中

2汤匙切碎的百里香叶

2片月桂叶

盐和现磨的黑胡椒粉

---

1 将烤箱预热至180℃（风扇烤箱160℃）或燃气挡为4。

2 在一口大煎锅中加热黄油至融化。加入苹果块，中火加热直到呈现出好看的金黄色而又不至于糊烂。苹果块出锅，放在一边。

3 在碗中混合高脂厚奶油、牛奶、鸡蛋、五香粉，用盐和黑胡椒粉调味。将布丁切块，摆入烤好的酥皮面团烤模中。将苹果块穿插摆入黑布丁块中。

4 撒上少许百里香叶，捏碎月桂叶撒在上面。往酥皮面团中倒入蛋奶糊，推入烤箱烘烤30分钟，待馅料熟透凝固，呈现金黄色即可。

◆ 对于这款独特却又十分美味的挞来说，一份温热的根菜沙拉是它的完美搭档。

口感硬脆的苹果是制作这道馅饼的最佳选择，因为它们不会在锅中翻炒时散开。

原文是考克斯苹果或澳洲青苹果，如若找不到这两种苹果，可用普通青苹果，下文同。

原生甜菜根西兰花挞
Heritage beetroot and broccoli tart

最让我欢喜的是最近农贸市场不断发展扩大，这也给我们提供机会去重新认识平时常见的蔬果。我特别中意五彩缤纷的原生甜菜根。这道馅饼看起来就像是一小束灿烂的阳光。西兰花与烤甜菜根那质朴的味道也融合得十分完美。

8人份

准备时间 / 20分钟

制作时间 / 1小时5分钟

半个橙子，磨碎外皮，榨汁

1汤匙橄榄油

1茶匙浅色红糖

500克生的原生甜菜根，削皮后切成四瓣

150克西兰花，粗略切块

1个经过盲焙的酥皮面团（见第2页），置于直径23厘米、深3厘米的烤模中

150克马斯卡邦尼奶酪

4汤匙高脂厚奶油

2个鸡蛋，打成鸡蛋液

半茶匙现磨的肉豆蔻粉

盐和现磨的黑胡椒粉

香葱剪成段，用于点缀

---

1 将橙子皮碎和橙子汁倒入碗中，加入橄榄油和浅色红糖，搅拌混合。将甜菜根块摆入烤盘，倒入拌好的橙汁，轻拌直至液体包裹甜菜根块。将烤箱预热至200℃（风扇烤箱180℃）或燃气挡为6，将烤盘推入，烘烤35—40分钟，待甜菜根块变软。如果有必要，在烤之前给烤盘盖上锡箔，防止烤焦。

2 取出一口大炖锅，将撒入少许盐的水煮沸。准备一碗冷水。将西兰花放入开水中煮2分钟后沥干水，将西兰花浸在冷水中，冷却后彻底沥干，摆入烤好的酥皮面团烤模中。将甜菜根块摆在西兰花上。

3 将烤箱温度下调至180℃（风扇烤箱160℃）或燃气挡为4。将马斯卡邦尼奶酪和高脂厚奶油倒入碗中，搅拌至细腻丝滑。拌入鸡蛋液和肉豆蔻粉，用盐和黑胡椒粉调味。在甜菜根块上浇上蛋奶糊，推入烤箱烘烤25分钟，待馅料熟透，呈轻微金黄色即可。

4 上桌前，给馅饼撒上香葱，搭配洋葱酱（见第87页）享用。

原生甜菜根通常可以在农贸市场买到——有深红的，有金黄的，甚至还有带条纹的甜菜根！

芥末籽酱三文鱼莳萝挞
Salmon, wholegrain mustard and dill tartlets

有些食材的经典搭配方法依旧是最好的，绞尽脑汁地试图将它们玩出新花样是傻瓜才会做的事。口感层次丰富的烟熏三文鱼，大量的新鲜莳萝，辛辣的法国芥末籽酱——既是完美的开胃菜，也是一份不错的清淡主食。

6人份

准备时间 / 10分钟

制作时间 / 25分钟

15克黄油

4根大葱，切成细末

175克烟熏三文鱼，切成条

6个经过盲焙的油酥皮面团（见第2页），每个置于直径10厘米的烤模中

2个鸡蛋，打成鸡蛋液

150毫升法式酸奶油

1汤匙切碎的新鲜莳萝

2茶匙芥末籽酱

盐和现磨的黑胡椒粉

---

1 将烤箱预热至180℃（风扇烤箱160℃）或燃气挡为4。

2 在一口小煎锅中加热黄油至融化，倒入葱末轻轻翻炒2—3分钟，待葱末变软。葱末出锅，晾置一边。

3 在烤好的酥皮面团烤模里放入烟熏三文鱼条。

4 将蛋液、法式酸奶油、新鲜莳萝碎、冷却的葱末倒入碗中，搅拌混合，用盐和黑胡椒粉调味。将蛋奶糊倒入酥皮面团烤模里，将一些烟熏三文鱼条从蛋奶糊里稍微捞起来一点，让人能在表面看到它们。推入烤箱烘烤18—20分钟，待馅料凝固熟透，呈现金黄色即可。

烤红甜椒山羊奶酪挞
Roasted red pepper and goats' cheese tart

这道充满夏日气息的馅饼特别适合在露天午餐或野餐时享用。山羊奶酪完美地融合了红洋葱酱和烤甜椒的甜味，再搭配一份由芝麻菜、新鲜罗勒、烤松子做成的沙拉，更让人觉得回味无穷。

6人份

准备时间 / 15分钟

制作时间 / 55分钟

3个红甜椒

1瓣大蒜，拍碎

2汤匙橄榄油

1个红洋葱，切成细片

2汤匙意大利香醋

1个经过盲焙的油酥皮面团（见第2页），置于直径23厘米、深3厘米的烤模中

200克山羊奶酪，切片；有条件可使用法国圣莫尔（Saint Maure）奶酪

2茶匙切碎的新鲜百里香，另备一些用于点缀

3个鸡蛋，打成鸡蛋液

150毫升天然希腊酸奶

盐和现磨的黑胡椒粉

---

1 将红甜椒切成四瓣，去籽，摆入烤盘，撒上蒜末，淋上1汤匙橄榄油。烤箱预热至180℃（风扇烤箱160℃）或燃气挡为4，将红甜椒推入烘烤20分钟左右，直到变软。取出放在一边，让烤箱继续开着。

2 将剩下的橄榄油倒入炖锅中，倒入红洋葱小火翻炒。炒5分钟，待洋葱开始变软后，浇上意大利香醋。再翻炒5分钟，直到意大利香醋被洋葱吸收，锅里留下红洋葱酱。将红洋葱酱均匀地铺在烤好的酥皮面团烤模里，在上面依次摆上烤好的红甜椒块和山羊奶酪，撒上少许百里香。

3 在罐子内将鸡蛋液和天然希腊酸奶混合在一起，用盐和胡椒调味。将挞摆在烤盘上，浇上鸡蛋酸奶浆。推入烤箱烘烤25—30分钟，待馅料凝固熟透，馅饼呈现金黄色即可，撒上百里香点缀。

为了节省时间，你可以去商店买现成的、高质量的烤甜椒罐头。

咖喱鸡挞
Curried chicken tart

这道馅饼拥有特别浓郁的口感，你可以想有多辣就放多辣，而我个人偏好微辣。它非常适合搭配蔬菜沙拉或者大量新鲜香菜。

8人份

准备时间 / 15分钟

制作时间 / 50分钟

375克现成或自制千层酥皮（见第8—9页）
中筋面粉，用于铺撒
2汤匙菜油
1个洋葱，切薄片
400克鸡胸肉片，切成条
4汤匙泰式红咖喱酱
400毫升椰子奶油
1个西红柿，去皮去籽，切块
200克罐头或新鲜菠萝，切碎
2个鸡蛋
1把新鲜香菜，粗略切碎
盐和现磨的黑胡椒粉

---

1 将烤箱预热至180℃（风扇烤箱160℃）或燃气挡为4。

2 将酥皮面团放在撒有薄薄一层面粉的桌面上擀成3—4毫米厚的酥皮，铺入直径23厘米、深4.5厘米的烤模中，进行盲焙（见第11页）。

3 在一口大煎锅中加热菜油，加入洋葱后轻炒变软。加入鸡胸肉条翻炒2—3分钟。拌入泰式红咖喱酱、一半分量的椰子奶油、西红柿块、菠萝块。小火煮10—12分钟，时不时搅拌，待汤汁变浓稠，晾5分钟即可。

4 将鸡蛋打入碗中，和剩下的椰子奶油搅拌混合，加入香菜。将鸡蛋椰子奶油液倒入咖喱蔬菜中搅拌，用盐和黑胡椒粉调味。将拌好的馅料倒入烤好的酥皮烤模里，推入烤箱烘烤30分钟，待馅料凝固熟透，呈现金黄色即可。

5 趁热吃，伴以淋上芝麻油和撒上红葱头末的新鲜香菜沙拉一起享用。

鸡肉派
Chicken and sweetbread pie

我是吃用鸡肉牛胰脏杂碎作馅料的传统奶油酥盒长大的。我母亲选购它们时特别讲究——最美味的奶油酥盒中包裹着大量的牛胰脏杂碎，做得好的话，它们可是十分鲜美多汁的。在这里我把这道来自70年代的经典菜肴做成了一道派。

10人份
准备时间 / 25分钟，浸泡时间另计
制作时间 / 1小时5分钟

250克牛胰脏杂碎
1.5千克鸡肉片
75克中筋面粉
2汤匙橄榄油
75克黄油
16个红葱头，去皮
250克洋菇，切半
1瓣大蒜，拍碎
300毫升干白葡萄酒
200毫升鸡汤
2汤匙白兰地
1/4茶匙肉桂粉
2汤匙新鲜欧芹碎
2片月桂叶
375克现成或自制的千层酥皮（见第8—9页）
中筋面粉，用于铺撒
1个鸡蛋，打成鸡蛋液
盐和现磨的黑胡椒粉

❗

卷起派饼边缘时，用拇指和食指从外边捏住派的边缘，然后用另一只食指按压你两指间的面皮来做出扇形边，将此动作围绕派重复做一圈。

1 将牛胰脏杂碎放入碗中，倒入冷水，直至没过牛胰脏杂碎。给碗盖上盖后放入冰箱冷藏3小时或一晚上。

2 当你准备好烤派时，将烤箱预热至180℃（风扇烤箱160℃）或燃气挡为4。

3 煮开一锅水。将牛胰脏杂碎沥干后，倒入锅中，煮1分钟后，沥干水，去除杂碎上的薄膜，切成2.5厘米长的小块。

4 准备50克面粉，放入鸡肉片翻滚，直到裹上一层薄面粉。在一口大煎锅中加热橄榄油和25克黄油，分批煎鸡肉片，直到全部变成褐色。将鸡肉片转移到一个长30厘米、宽20厘米、深5厘米左右的大耐热盘中。在煎锅中加入红葱头、洋菇、蒜末翻炒3分钟，然后倒入耐热盘中。

5 将剩下的黄油倒入煎锅中加热至融化。倒入剩下的面粉，加热搅拌，直至起泡。将煎锅从灶上移开，依次拌入干白葡萄酒、鸡汤、白兰地、肉桂粉、欧芹。用盐和胡椒粉调味。将汤煮开，搅拌，小火煮至浓稠。

6 将汤汁淋在鸡肉片上，加入月桂叶和杂碎。将酥皮面团放在撒有薄薄一层面粉的桌面上擀开，令酥皮面积稍微比耐热盘大一点。在耐热盘边缘刷上鸡蛋液，用酥皮盖住派，去除多余的面皮。把酥皮的边缘紧紧地压在耐热盘的边缘上（见小提示），给酥皮刷上更多的鸡蛋液。推入烤箱烘烤50分钟，待酥皮变得松脆，呈现金黄色即可。

伊比利亚鸡肉派

Iberian chicken pie

我喜欢西班牙辣香肠——它能增添菜肴的口感，增加食物热量，丰富菜肴的颜色，但注意不是所有的西班牙辣香肠都适合做派的。这款伊比利亚鸡肉派美味的诀窍在于让其他食材吸收西班牙辣香肠所释放的可口油汁。我从朋友阿曼达的食谱中得到做这款派的灵感。

6人份

准备时间 / 10分钟

制作时间 / 45分钟

15克黄油

1汤匙橄榄油

500克鸡肉，切成块

200克西班牙辣香肠，切片

2瓣大蒜，切成细末

1茶匙辣椒粉

1个400克番茄块罐头

2茶匙甜椒粉

1汤匙切碎的新鲜平叶欧芹

450克油酥皮面团（见第2页）

中筋面粉，用于铺撒

1个鸡蛋，打成鸡蛋液

盐和现磨的黑胡椒粉

1 在煎锅中加热黄油和橄榄油，倒入鸡肉块，中火嫩煎，直至鸡肉块颜色变成褐色。从煎锅中移出鸡肉块，放在一边。在锅里加入西班牙辣香肠，煎几分钟。待香肠煎出油汁后，加入蒜末和辣椒粉煎1分钟左右，小心不要煎焦了。

2 在锅中加入罐头番茄块和甜椒粉，把鸡肉倒回锅里。煮沸后，把火关小，让酱汁煮10分钟。

3 同时，将烤箱预热至180℃（风扇烤箱160℃）或燃气挡为4。

4 用盐和黑胡椒粉给酱汁调味。拌入切碎的平叶欧芹，然后用勺子将锅中的食物舀到一个容量为3升，长30厘米、宽20厘米、深5厘米的大耐热烤模中。

5 将酥皮面团放在撒有薄薄一层面粉的桌面上擀开。在烤盘的边缘刷上鸡蛋液，用酥皮将馅料盖住，将酥皮的边缘按压在烤盘的边缘上，捏去多余的酥皮，将馅饼封闭。如果你有兴致，亦可将多余酥皮做成树叶形状，点缀在顶部——用一点点鸡蛋液把它们固定住，再次给整个酥皮表面刷上鸡蛋液。推入烤箱烘烤25—30分钟，待派的顶部变酥脆，呈现金黄色即可。

西葫芦蓉扇贝派

Scallop and courgette crumble pie

这些小砂锅派很适合用来做晚餐派或者午餐的开胃菜——酥脆的酥皮顶与内在柔滑的馅料形成了巨大的反差。

6人份

准备时间 / 20分钟

制作时间 / 45分钟

75克无盐黄油

1个洋葱，切成细末

4根胡萝卜，切丁

3根大葱（只用葱白），切成薄片

1汤匙切碎的龙蒿

半汤匙切碎的莳萝

300克西葫芦，切丁

200毫升鱼汤

2汤匙面粉

1汤匙干白葡萄酒

2汤匙高脂厚奶油

12个新鲜扇贝，去壳，洗净，如果是冰冻的要先解冻

30个新鲜明虾，去壳

盐和现磨的黑胡椒粉

酥皮顶

65克无盐黄油，切成碎块

175克全麦面粉

2茶匙各色干香草

50克帕玛森奶酪，磨成碎末

---

1 在煎锅中加热黄油，倒入洋葱末轻炒变软。加入胡萝卜丁和大葱葱白，盖上锅盖小火加热10分钟，时不时翻炒。同时，将烤箱预热至180℃（风扇烤箱160℃）或燃气挡为4。

2 往锅里加入龙蒿、莳萝、西葫芦丁翻炒一会儿，盖上盖子再加热5分钟，用盐和黑胡椒粉调味。

3 在小炖锅中加热鱼汤，逐次搅拌一些面粉进去，煮1分钟。将干白葡萄酒和高脂厚奶油倒入罐子里，混合在一起，倒入热鱼汤中，调味。

4 准备6个小锅，在每个锅内放入经过处理的2个扇贝和5只明虾。用勺子将炒好的蔬菜舀在上面，再倒入奶油鱼汤。

5 接下来做酥皮顶，用手指将所有食材揉在一起，直到手感类似于厚实的面包屑，然后再铺到每个小锅上。推入烤箱烘烤25—30分钟，待顶部变成好看的金黄色，酱汁冒泡即可。趁热上桌，用苏打面包来蘸着可口的酱汁享用。

海鲜土豆派

Seafood and potato pie

我喜欢海鲜，但是我不经常做。想吃的时候我就会做这道简单的海鲜派。它是一道很有特色的派——浓郁的酱汁配上酥脆可口的海鲜。我希望你的客人会像我的客人一样迷上这道菜。

6人份

准备时间 / 35分钟

制作时间 / 1小时5分钟

450毫升牛奶

2片月桂叶

175克女王海扇贝，去壳洗净

325克烟熏鳕鱼

625克土豆，切成5毫米的厚片

100克黄油

2根芹菜，切成薄片

3汤匙中筋面粉

2汤匙法式酸奶油

1汤匙切碎的莳萝

200克明虾，煮熟去壳

75克贻贝，煮熟去壳

盐和现磨的黑胡椒粉

1 将烤箱预热至200℃（风扇烤箱180℃）或燃气挡为6。

2 将牛奶倒入大炖锅，加入月桂叶，用黑胡椒粉调味后煮沸。加入女王海扇贝，煮1分钟后就用篦式漏勺舀出，放在一边。再放入烟熏鳕鱼，盖上盖子煮3分钟。将炖锅从灶上移开，让烟熏鳕鱼在热牛奶里泡5分钟。

3 将烟熏鳕鱼从牛奶中捞出，将牛奶过滤到罐子里，扔掉月桂叶。将烟熏鳕鱼掰成几大块，去掉皮和骨，放在一边。

4 在大炖锅中加入水，放少许盐，加入土豆片煮5—6分钟，待土豆片变软捞出沥干水。

5 在干净的炖锅里加热75克黄油至融化，小火翻炒芹菜片10分钟，炒到芹菜变软，但还没变色。拌入面粉炒2分钟。将锅子从灶上移开，慢慢往里倒入牛奶，持续搅拌。再把锅移回灶上，缓慢加热直至煮沸，继续搅拌。煮2分钟，待汤汁变浓稠。将锅子从灶上移开，往锅内拌入法式酸奶油和莳萝，用盐和黑胡椒粉调味。再轻轻地拌入女王海扇贝、烟熏鳕鱼、明虾、贻贝。

6 将食材用勺子舀到一个容量2升，长26厘米、宽20厘米、深4厘米的耐热烤模中。将土豆片叠着摆在表面，盖住馅料。将剩下的黄油加热，再刷在土豆的表面。推入烤箱烘烤40—45分钟，直至馅料冒泡并呈现金黄色。

摩洛哥香料羊肉派
Lamb and Moroccan spice pies

这些可爱的小馅饼充满了北非风味。香料和鹰嘴豆都很够味，但对我来说，最喜欢的是烘烤期间飘出的香气，酥皮和现磨的孜然粉受热后融合在一起……那种味道简直就是妙不可言！

4人份

准备时间 / 15分钟

制作时间 / 50分钟

1汤匙橄榄油
1个红洋葱，切成细末
1瓣大蒜，拍碎
2茶匙甜椒粉
2茶匙孜然粉
1茶匙肉桂粉
500克羊肉，剁碎
400克罐头番茄碎
1汤匙番茄泥
410克罐头装鹰嘴豆，冲洗干净，沥干
50克葡萄干
50克杏脯，切碎
2汤匙新切碎的薄荷叶
375克现成或自制千层酥皮（见第8—9页）
中筋面粉，用于铺撒
1个鸡蛋，打成鸡蛋液
半茶匙孜然籽，稍微磨碎
盐和现磨的黑胡椒粉

---

1 在炖锅中加热橄榄油。加入洋葱和蒜末，小火翻炒5分钟，直至变软。加入各种香料粉炒1分钟。稍微把火开大，加入羊肉翻炒直至颜色转褐。拌入罐头番茄碎、番茄泥、鹰嘴豆、葡萄干、杏脯和薄荷叶。盖上盖子煮20分钟，时不时搅拌。

2 同时，将烤箱预热至200℃（风扇烤箱180℃）或燃气挡为6。

3 用盐和黑胡椒粉给锅里的食材调味，然后把食材分别倒入4个250毫升的烤模中凉却。

4 将酥皮面团放在撒有薄薄一层面粉的桌面擀开，切出4块圆形酥皮，直径比烤模稍长。给烤模的边缘刷上些鸡蛋液，给每个派盖上一张酥皮，捏去多余的部分。将酥皮的边缘按压在烤模的边缘，将馅饼封闭起来，然后捏一些花边（见第49页的小提示）。用尖刀在酥皮中央划几下，别划得太深。给酥皮表面刷满鸡蛋液，撒上少许孜然籽。

5 将烤模摆在烤盘上，推入烤箱烘烤20分钟，待酥皮隆起，呈现金黄色即可。

将香料粉翻炒1分钟左右，就可释放其中的风味。

冬南瓜蘑菇派

Butternut squash and mushroom pies

这道颇具秋天气息的小派是一份完美的素食。蘑菇和冬南瓜给这道菜添上一种可爱而质朴的风味和口感……我通常在户外烧烤时用这道派作配菜，我的食客们爱上了这种新颖的搭配。

4人份

准备时间 / 20分钟

制作时间 / 50分钟

15克黄油

1根大葱，纵向剥开，切片

1瓣大蒜，切成细末

250克栗子菇，切成四瓣

1个小冬南瓜（大约500克），去皮切丁

200毫升蔬菜高汤

4汤匙法式酸奶油

1汤匙新鲜葱末

375克现成或自制的千层酥皮（见第8—9页）

中筋面粉，用于铺撒

1个鸡蛋，打成鸡蛋液

盐和现磨的黑胡椒粉

---

1 将烤箱预热至180℃（风扇烤箱160℃）或燃气挡为4。

2 在煎锅中小火加热黄油至融化，倒入大葱和蒜末小火炒7分钟左右，直至变软。加入栗子菇，翻炒4—5分钟。加入冬南瓜再炒1分钟，然后倒入蔬菜高汤，盖上盖子煮5分钟。往蔬菜高汤里加入法式酸奶油和葱末搅拌，调味后，将所有食材分别装入4个容量为250毫升的烤模中。

3 将酥皮面团平均分成4份，放在撒有薄薄一层面粉的桌面上擀开，让擀好的酥皮与烤模的大小相仿。给烤模的边缘刷上鸡蛋液，将酥皮的边缘紧紧按压在烤模的边缘上，多出来的酥皮可以捏花边（见第49页的小提示）。

4 在酥皮表面刷满鸡蛋液后，将派推入烤箱烘烤25—30分钟，待馅饼变松脆，呈现金黄色即可。

火鸡栗子派
Turkey and chestnut pie

还有什么能比这款派的名字听起来更富有冬日情调和节日气息！它的确是一道比较传统的派。我有时会重新装饰一下，让它华丽变身，成为餐桌上的重头戏。

6—8人份
准备时间 / 20分钟
制作时间 / 55分钟

25克无盐黄油
1个洋葱，切成细末
200克胡萝卜，切丁
200克大葱，切成薄片
250毫升高脂厚奶油
150毫升鸡汤
1汤匙切碎的龙蒿
700克熟火鸡，切成小块
200克熟栗子，去皮
375克现成或自制的千层酥皮（见第8—9页）
中筋面粉，用于铺撒
1个鸡蛋，打成鸡蛋液
盐和现磨的黑胡椒粉

1 在大煎锅里加热黄油至融化，加入洋葱，中火翻炒直至变软。加入胡萝卜和大葱，再翻炒5分钟。加入高脂厚奶油、鸡汤和龙蒿，煮10—12分钟，直到酱汁开始变浓稠。

2 同时，将烤箱预热至180℃（风扇烤箱160℃）或燃气挡为4。

3 用盐和黑胡椒粉调味后，往锅里加入火鸡块和栗子，翻炒时注意别把它们弄碎了，再煮5分钟。用勺子将馅料舀到一个长24厘米、宽18厘米的浅烤模中。

4 将酥皮面团放在撒有薄薄一层面粉的桌面上擀开，直到厚度为5毫米。在烤模的边缘刷上鸡蛋液，盖上酥皮，捏去多余的部分。将酥皮的边缘按压在烤模的边缘，将烤模封闭起来。在酥皮表面刷满鸡蛋液，用叉子在酥皮中央戳几个洞，方便蒸汽的散发。将派推入烤箱烘烤30—35分钟，待酥皮变酥脆，呈现金黄色，酱汁变浓稠即可。

5 出炉后，搭配具有异域风情的菰米享用，很是美味。

可以买真空包装、已经去皮的熟栗子，能省下很多准备时间。

西班牙辣香肠明虾派
Prawn and chorizo pie

这是另一道西班牙口味派，用到了香辣爽口、色彩鲜艳的西班牙辣香肠，但这次馅料里面还有新鲜肥美的老虎虾和西班牙米。这道派可以做主食，在可口的香辣酱的调味作用下，西班牙米饭和金黄的酥皮简直就是完美搭配。

6人份
准备时间 / 10分钟
制作时间 / 45分钟

450克油酥皮面团（见第2页）
中筋面粉，用于铺撒
黄油，用于涂抹
200克西班牙辣香肠，切厚片
500克老虎虾，去壳，去虾肠（背部黑色细丝）
2瓣大蒜，拍碎
2茶匙切碎的欧芹
1汤匙切成细末状的罗勒
150毫升番茄酱或番茄沙司
300克西班牙米，或长粒米，煮熟
1茶匙甜椒粉
少许藏红花
100克新鲜豌豆
1茶匙盐
1茶匙现磨的黑胡椒粉
1个鸡蛋，打成鸡蛋液

1 将烤箱预热至200℃（风扇烤箱180℃）或燃气挡为6。给长26厘米、宽20厘米、深4厘米的大烤模或耐热烤模抹上油。

2 在撒有薄薄一层面粉的桌面擀开三分之二的酥皮面团，铺到烤模上（见第10页）。擀开剩下的酥皮面团，做成一个馅饼盖，放在一边。

3 将除鸡蛋液外的所有食材放入碗中搅拌混合，然后倒入烤模中。

4 将一半的鸡蛋液刷在酥皮边缘。将酥皮的边缘按压在烤模的边缘，封住烤模，然后捏花边（见第49页的小提示）。

5 在酥皮表面刷满鸡蛋液，然后推入烤箱烘烤45分钟，待馅饼呈现金黄色即可。趁热吃。

扇贝蘑菇派
Scallop and mushroom pie

我是海鲜派的忠实粉丝，但通常我觉得处理不同食材太过费时费力。所以做这道馅饼时，我都是一切从简……将酥脆的鳕鱼片、肥大的扇贝、大量的新鲜欧芹、浓稠的蘑菇酱汁煮在一起，最后在顶部铺上一层浓郁香滑的土豆泥。

6人份

准备时间 / 20分钟

制作时间 / 40分钟

700克土豆，切丁

4个扇贝，去壳，洗净，如果冰冻要先解冻

450克黑线鳕鱼块，切块

1片月桂叶

1个小洋葱，切成细末

450毫升牛奶

75克无盐黄油

125克洋菇，切片

40克中筋面粉

4汤匙干雪莉酒

4汤匙稀奶油

2汤匙欧芹碎

盐和现磨的黑胡椒粉

---

1 在炖锅中加水，放少许盐，把土豆煮软。同时，将烤箱预热至180℃（风扇烤箱160℃）或燃气挡为4。

2 将扇贝洗干净，然后将白色贝肉切成厚片。将扇贝肉和黑线鳕鱼块倒入一口中型炖锅，加入月桂叶、洋葱碎、300毫升牛奶，煮5分钟。

3 沥干土豆，往里加入剩下的牛奶和25克黄油，捣成土豆泥。沥干黑线鳕鱼块和扇贝厚片，留下牛奶。将黑线鳕鱼块切片，去掉鱼皮和骨头。

4 在一只大炖锅中加热40克黄油直至融化，加入洋菇片翻炒2分钟。拌入面粉，再加热1分钟。关火，慢慢往锅内倒入之前留下的牛奶，搅拌。将牛奶煮沸，持续搅拌，然后把火关小，煮2—3分钟，待汤汁浓稠丝滑。倒入干雪莉酒、稀奶油、黑线鳕鱼块、扇贝肉、欧芹，充分搅拌。用盐和黑胡椒粉调味。

5 将煮好的馅料倒入一个长26厘米、宽20厘米、深4厘米的烤模或耐热大烤盘中。将土豆泥覆盖在顶部，用剩下的黄油做点缀。将派推入烤箱烘烤25—30分钟，待顶部颜色变褐色即可。

野味派
Game pies

我第一次做野味派是在为阿尔伯特·鲁和米歇尔·鲁工作的时候。在那之前我从未做过咸味的派，但它现在已经成为我的餐桌上的保留菜式了。

6人份

准备时间 / 25分钟，冷却时间另计

制作时间 / 40分钟

800克混合野味肉，比如野鸡肉和鹿肉，剁碎（使用食物处理器或找肉贩子帮忙）

2个红洋葱，切成细末

150克柔滑细腻的鸡肝酱

1瓣大蒜，切成细末

2汤匙波尔多葡萄酒

50克中筋面粉，另备面粉用于铺撒

6张现成的薄可丽饼

2个鸡蛋，打成鸡蛋液

1千克现成或自制千层酥皮（见第8—9页）

盐和现磨的黑胡椒粉

为酥皮边缘刷上鸡蛋液能有效地将两条边封住，防止馅料渗出来。

1 将剁碎的野味、红洋葱、鸡肝酱、蒜末、波尔多葡萄酒、面粉放入大碗中搅拌。用盐和黑胡椒粉调味，感觉味道合适后，揉成6个大小相同的球，放入冰箱冷藏1小时。

2 将烤箱预热至180℃（风扇烤箱160℃）或燃气挡为4。

3 将每一个野味肉球用一张薄可丽饼包起来（这样做能将肉球里的酱汁全部吸收，让酥皮保持松脆），然后给可丽饼刷上一些鸡蛋液。

4 将千层酥皮面团分成大小相同的6份，在撒有薄薄一层面粉的桌面上擀开，直至每张酥皮的大小足够包住一个肉球。将野味肉球摆在每一张千层酥皮的中央，给酥皮的边缘再刷上一点鸡蛋液，然后用酥皮将肉球包起来，形状类似小包子。将这些小包子置于两个烤盘上，封口朝下。

5 给酥皮刷满剩下的鸡蛋液，然后用尖刀给酥皮从上到下划弧形线条，注意别刺穿酥皮。在顶部戳个小孔，让蒸汽能够散发，然后将烤盘推入烤箱烘烤40分钟，待酥皮变得松脆隆起，呈现金黄色即可。搭配色彩鲜艳的四季豆食用。

夏日时蔬派

Summer vegetable pie

你一定（跟我一样）觉得，想做出真正令人垂涎欲滴又回味无穷的素食菜肴实在不容易。现在这款派就成了我最喜欢的素食菜肴。它既有可口的蔬菜，又有浓郁的奶酪酱汁，它的口感因薄片酥皮和松子变得松脆。即使你不是素食者，也一定会爱上这道美味的派。

6人份

准备时间 / 25分钟

制作时间 / 1小时15分钟

575克土豆，切丁

65克黄油，融化，另备一些用于涂抹

3个鸡蛋

175克切达奶酪，磨碎

1汤匙橄榄油

2瓣大蒜，拍碎

175克菠菜叶，粗略切碎

250克西葫芦，粗略地磨碎

150克红甜椒和黄甜椒，切碎，拌匀

4根葱，切成细末

5汤匙细香葱末

半茶匙肉豆蔻粉

6张薄酥皮

15克松子

盐和现磨的黑胡椒粉

---

1 往炖锅中加水，撒少许盐，放入土豆煮软。将土豆放在一边稍微晾凉。

2 同时，将烤箱预热至180℃（风扇烤箱160℃）或燃气挡为4。为直径24厘米、深4厘米的耐热烤模抹上黄油。

3 在大碗里打一个蛋，倒入切达奶酪碎搅拌。在煎锅中加热橄榄油，加入蒜末，小火煎2分钟。倒入菠菜叶，炒软。将炒好的菠菜叶倒入鸡蛋奶酪液中，然后再依次往里加入土豆、西葫芦、红黄甜椒、葱末、细香葱末、肉豆蔻粉，用盐和黑胡椒粉调味。

4 摊开薄酥皮，用一块湿布盖上那些暂时用不到的酥皮，以防酥皮变干。用4张薄酥皮铺到烤模里，给每一层刷上融化的黄油，让酥皮边挂出烤模的边缘。

5 用勺子将蔬菜馅料舀到酥皮上，均匀地铺开。将薄酥皮的边缘往中心折叠，同时刷上更多黄油。给剩下的薄酥皮都刷上黄油，然后盖在馅饼上，用手将酥皮边缘挤进烤模里直至位置合适。在馅饼的顶部刷上黄油，撒上松子。

6 将派推入烤箱烘烤35分钟，待酥皮变酥脆，呈现金黄色即可。趁热享用。

烩生菜格子派
Braised lettuce lattice pie

这道馅饼非常适合跟一盘华丽的烤鸡一起端上桌。它很受欢迎，一是因为它格子状的表皮，二是因为烧烤后，所有的食材香味都融合到一起，挖开酥皮后香气腾腾——这道美丽酥脆的馅饼里散发着满满的春天味道。

8人份
准备时间 / 15分钟
制作时间 / 40分钟

25克黄油
1个洋葱，切成细末
100克咸五花肉丁
250克豌豆，如果冰冻请解冻
6棵鲜嫩生菜，切成两半
1把新鲜薄荷，细细切碎
100毫升蔬菜高汤
375克现成或自制千层酥皮（见第8—9页）
1个鸡蛋，打成鸡蛋液
盐和现磨的黑胡椒粉

---

1 将烤箱预热至180℃（风扇烤箱160℃）或燃气挡为4。

2 中火加热煎锅，加入黄油和洋葱翻炒4—5分钟，直至洋葱变软，加入咸五花肉丁后再翻炒5分钟。

3 将豌豆和鲜嫩生菜放入长26厘米、宽20厘米、深4厘米的烤模和耐热大烤盘中，加入炒好的洋葱和咸五花肉丁、薄荷碎。倒入蔬菜高汤，用盐和黑胡椒粉调味。

4 将千层酥皮面团放在撒有薄薄一层面粉的桌面上擀开，切成1.5厘米宽的面条，长度比烤模的长和宽稍长。给烤模的边缘刷上一些鸡蛋液，将面条交叉、呈格子状摆在馅饼顶部。

5 给所有酥皮刷上鸡蛋液后，将派推入烤盘烘烤25—30分钟，待酥皮呈现金黄色即可。

苹果酒猪肉派
Pork and cider pie

对在布列塔尼地区长大的我来说，猪肉和苹果酒就等于经典——多么精彩的搭配。我将这道童年的最爱改造成了一道派。

4人份

准备时间 / 20分钟

制作时间 / 55分钟

2茶匙橄榄油

500克腌猪后腿肉，粗略切碎

1个红洋葱，切成细末

2个青苹果，去皮去核，切丁

200克土豆，切丁

150毫升干苹果酒

150毫升鸡汤

2茶匙芥末籽酱

2片月桂叶

1汤匙切碎的百里香

15克黄油

1汤匙面粉，另备面粉用于铺撒

350克现成或自制千层酥皮（见第8—9页）

1个鸡蛋，打成鸡蛋液

盐和现磨的黑胡椒粉

1 将烤箱预热至180℃（风扇烤箱160℃）或燃气挡为4。

2 在煎锅中加热橄榄油。加入腌猪后腿肉翻炒，直至肉块稍微呈现金黄色。加入红洋葱、苹果、干苹果酒、鸡汤、芥末籽酱、月桂叶和百里香碎，一起煮5分钟，然后用盐和黑胡椒粉调味。

3 将黄油和面粉放入小碗中做成面糊。在里面倒一点腌猪后腿肉锅里的酱汁，然后将面糊倒入煎锅搅拌。中火煮酱汁，待酱汁收汁至浓稠、均匀、柔滑即可。将锅内的酱汁倒入容量1.5升，长20厘米、宽15厘米、深5厘米的烤模中。

4 将千层酥皮面团放在撒有薄薄一层面粉的桌面上擀开，直至厚度为5毫米。给烤模的边缘刷上些鸡蛋液，用酥皮将馅饼盖上，去掉多余的部分。将酥皮的边缘按捏在烤模的边缘，然后在酥皮表面刷上鸡蛋液。在酥皮上戳几个洞，方便蒸汽散发，然后将馅饼推入烤箱烘烤35—40分钟，待酥皮适当地隆起，呈现浓浓金黄色即可。

5 这款派最好的搭配是抹上黄油和海盐来蒸过的新鲜蔬菜，或者手工制作的粗面包也不错。

做派的时候，用黄油和面粉，然后倒进酱汁或者炖菜锅里，可以很好地让汤汁变浓稠。

图卢兹香肠根茎蔬菜派
Toulouse sausage and root vegetable pies

在冬天里享用这道温馨美味的派，会让人倍感舒心。根茎蔬菜、浓郁的图卢兹香肠蒜香和酥脆的咸味碎末搭配定会征服所有人的胃。

6人份

准备时间 / 20分钟

制作时间 / 1小时20分钟

2个红洋葱，切成楔形块

2根欧洲防风草，切成5厘米长的厚片

4根胡萝卜（最好买到多种颜色），去皮切厚片

3个新鲜甜菜根（最好买到多种颜色），切成楔形块

2茶匙橄榄油

2汤匙液态蜂蜜

1汤匙切碎的百里香

6根图卢兹香肠，切厚片

200毫升高脂厚奶油

150毫升鸡汤

200克全麦面粉

100克中筋面粉

150克无盐黄油

125克硬熟切达奶酪，磨碎

盐和现磨的黑胡椒粉

---

1 将所有根茎蔬菜摆在烤盘上。浇上橄榄油和液态蜂蜜，撒上百里香碎，用手将所有食材翻动搅拌。将烤箱预热至180℃（风扇烤箱160℃）或燃气挡为4，将烤盘推入烤箱烘烤50分钟，待蔬菜开始变软即可。

2 让烤箱继续开着，将烤好的根茎蔬菜转移到大烤模内，或平均分配到6个小烤模或小烤盘中。加入图卢兹香肠片，倒入高脂厚奶油和鸡汤，然后用盐调味。

3 将全麦面粉、中筋面粉、黄油、硬熟切达奶酪放入大碗中，用手指揉在一起，直至面糊变成结实的碎屑。将碎屑撒在香肠片和根茎蔬菜混合而成的馅料上面，推入烤箱烘烤25—30分钟，表面烤成金黄色即可。

4 搭配用核桃沙拉酱做成的茴香沙拉食用。

你可以任意组合不同的冬季根茎蔬菜来做这道派，比如土豆、南瓜、冬南瓜。

菠菜酥皮派
Spinach filo pie

米克诺斯岛是我夏天最喜欢去的地方之一。每个街角都会有一家小咖啡店为客人送上用最好的薄酥皮和本地产的菲达奶酪碎做成的美味派。这道派总是让我回忆起那个别具一格的小岛，让我满心期待再一次的旅程。

6人份

准备时间 / 15分钟

制作时间 / 40分钟

65克黄油

2个洋葱，切成薄片

2瓣大蒜，拍碎

500克菠菜叶，洗净后粗略切碎

1茶匙现磨的肉豆蔻粉

200克菲达奶酪，捏碎

150克罐头装鹰嘴豆，沥干，粗略磨碎

2个鸡蛋，打成鸡蛋液

4大张薄酥皮

盐和现磨的黑胡椒粉

1 将烤箱预热至200℃（风扇烤箱180℃）或燃气挡为6。

2 在大煎锅中加热25克黄油至融化。加入洋葱薄片炒软，呈现金黄色后，加入蒜末再炒几分钟。分批加入菠菜叶，炒至菜叶变软。待锅中蔬菜晾凉后，用勺子将蔬菜舀到一个碗里（倒掉从菠菜叶里渗出的所有菜汁）。在碗中将肉豆蔻粉、菲达奶酪、鹰嘴豆、鸡蛋液混合在一起，用盐和黑胡椒粉调味。

3 将剩下的黄油加热融化，把其中一部分刷在直径23厘米的不粘烤盘中。往蛋糕烤盘内铺上第一层薄酥皮，让多出来的酥皮边悬在烤盘外，给酥皮刷上更多黄油。在铺剩下的酥皮时重复前一动作。每铺一层酥皮，就把烤盘稍微转一下，并给酥皮刷满融化的黄油。当所有酥皮都铺好时，倒入馅料，将挂在烤盘外的酥皮边往中心翻，盖住馅料。

4 给派顶部刷上融化的黄油，推入烤箱烘烤25—30分钟，待薄酥皮变松脆，呈现金黄色即可。关掉烤箱，让派在里头待5分钟，出炉，切成楔形，跟大家分享。

给薄片酥皮均匀抹上黄油，这样在烘烤后它们就会变得十分松脆。

手撕鸭肉派
Shredded duck pie

这道派是一份地地道道的冬季暖身菜。香浓柔软的油封鸭肉和香草香料一起烘烤，烤出鲜香的肉汁，再覆上一层口感丝滑的土豆泥，经过烘烤后的土豆泥会变成一层焦脆的硬壳。

6人份

准备时间 / 25分钟

制作时间 / 1小时30分钟

750克油封鸭腿，4条左右
800克粉质土豆，切块
150毫升牛奶
25克黄油
2汤匙切碎的平叶欧芹
2汤匙菜油
1个洋葱，切成细末
2瓣大蒜，拍碎
2根芹菜，切碎
2茶匙切碎的迷迭香
2茶匙切碎的百里香
2汤匙番茄泥
4汤匙牛肉汤
盐和现磨的黑胡椒粉

1 去除鸭腿上冷却凝固的油脂后，置于烤架上，摆在底座较深的烤盘内。将烤箱预热至200℃（风扇烤箱180℃）或燃气挡为6，将烤盘推入烤箱烘烤15—20分钟，鸭腿出炉后放在一边晾凉，直到可以用手触碰。

2 鸭腿冷却后，把鸭腿肉剔下，粗略地撕成条，然后放一边备用。将烤箱温度下调至180℃（风扇烤箱160℃）或燃气挡为4。

3 往大炖锅内倒水，撒少许盐，倒入土豆煮软，沥干水，放回锅中捣成泥。在小炖锅中同时加热牛奶和黄油，小心拌到土豆泥中。用盐和黑胡椒粉调味后，加入平叶欧芹碎，充分搅拌混合。

4 在厚底煎锅中加热油，倒入洋葱翻炒3—4分钟。然后加入蒜末、芹菜、迷迭香、百里香，再炒3—4分钟。加入撕碎的鸭肉、番茄泥，再倒入牛肉汤，小火加热。用盐和黑胡椒粉调味后再煮1—2分钟。

5 将鸭肉蔬菜馅料转移到一个容量为2升，长26厘米、宽20厘米、深4厘米的烤模中。用勺子将土豆泥舀入一个装有大号星形裱花嘴的大号裱花袋中，然后将土豆泥挤成花形，点缀在鸭肉馅料的顶部。将派推入烤箱烘烤35—40分钟，待呈现金黄色即可。搭配四季豆享用。

意大利烤饼
Calzone

我在意大利的时候特别喜欢这些半圆包馅烤饼。我用最松软的奶油酥皮代替了烤饼面团，让烤饼的口感更加松脆。

6人份

准备时间 / 20分钟，冷却时间另计

制作时间 / 50分钟

2汤匙橄榄油，另备橄榄油用于涂抹

1个洋葱，切成细末

2瓣大蒜，拍碎

3个番茄，去皮切碎

1把新鲜罗勒，粗略切碎

300克剁碎的瘦牛肉

100克西班牙辣香肠，切碎

50克小 鱼干，切碎

200克马苏里拉奶酪，磨碎

500克奶油酥皮（见第6页）

中筋面粉，用于铺撒

2个鸡蛋黄，打成蛋黄液

25克帕玛森奶酪

现磨的黑胡椒粉

---

1 在煎锅中加热橄榄油。加入洋葱和蒜末，翻炒变软。加入切碎的番茄，再炒5分钟。接着加入罗勒、瘦牛肉碎、西班牙辣香肠、小鳀鱼干，继续翻炒。盖上锅盖，小火再煮10—15分钟，关火，晾凉。

2 同时，将烤箱预热至220℃（风扇烤箱200℃）或燃气挡为7。在2张大烤盘抹上油，撒上面粉。

3 在冷却了的馅料中加入马苏里拉奶酪（如果锅里有太多酱汁，沥干酱汁后再加入奶酪），仅用黑胡椒粉调味。

4 在撒有薄薄一层面粉的桌面上擀开奶油酥皮面团，直至厚度为5毫米，然后从中切出6个椭圆形的酥皮，转移到烤盘上。将一些蛋黄液刷在酥皮的边缘。将馅料舀到椭圆形的酥皮上，给酥皮留出2.5厘米宽的边，像做肉馅饼那样折叠酥皮，将馅料包裹其中，边缘按紧。将剩下的蛋黄液刷在半圆比萨饼的顶部，然后直接将帕玛森奶酪磨碎，撒在顶部。

5 将烤饼推入烤箱烘烤20—25分钟，待酥皮隆起，呈现金黄色即可。趁热上桌，搭配芝麻菜沙拉享用。

❗

将蛋黄液刷在奶油酥皮上，烤好的意大利烤饼就会出现一层诱人的金色外壳。

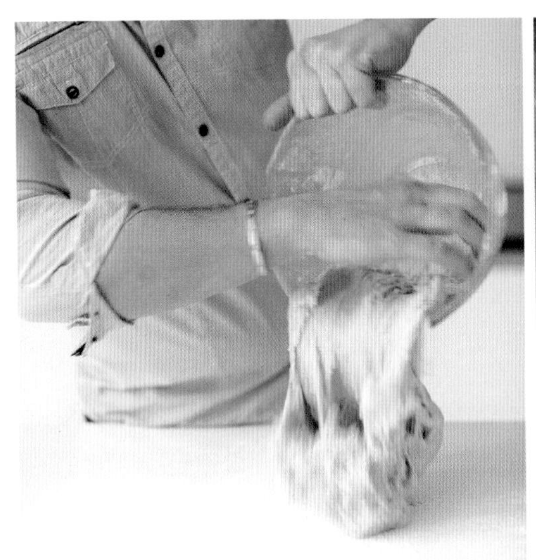

1 将奶油酥皮面团置于撒有薄薄一层面粉的桌面上。

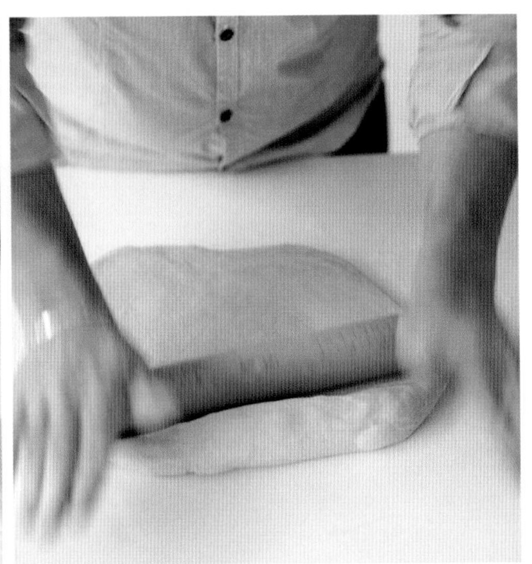

2 将酥皮擀开直至厚度为5毫米。

3 切出6个椭圆形的酥皮。

4 将椭圆形酥皮转移到烤板上，给酥皮边刷上蛋黄液。

5 将馅料舀到酥皮上。

6 将酥皮对折，包住馅料。

7 按压边缘，封住馅料。

8 将蛋黄液刷满馅饼的顶部。

9 烘烤之前在馅饼顶部撒上现磨的帕玛森奶酪。

泰式蟹肉迷你派
Thai crab mini pies

迷你派可以完美地用作开胃菜或者派对零食。制作时只用到蟹肉的白色部分，这样会令迷你派看起来更加美味可口。

6人份

准备时间 / 20分钟

制作时间 / 15分钟

2个鸡蛋

150毫升高脂厚奶油

3个红辣椒，去籽切碎

3厘米长的新鲜姜块，去皮磨碎

2茶匙香茅酱

8根大葱，切成细末

1汤匙切碎的新鲜香菜

250克白色蟹肉（最好是新鲜的）

6个经过盲焙的油酥皮面团（见第2页），每个酥皮面团置于直径10厘米的烤模，或300毫升的大馅饼烤模中

2张薄酥皮

50克黄油，融化

盐和现磨的黑胡椒粉

---

1 将烤箱预热至180℃（风扇烤箱160℃）或燃气挡为4。

2 在大碗中打入鸡蛋，加入高脂厚奶油、红辣椒、姜块、香茅酱、小葱、香菜搅拌混合。用盐和黑胡椒粉调味。用厨房用纸吸干白色蟹肉的水分，然后将蟹肉分到每一个烤好的酥皮面团中。将蛋奶糊倒在蟹肉上，注意别倒太满。

3 将融化的黄油刷在薄酥皮上，并将每张酥皮切成6个方块。将每个方块捏成皱皱的一团，摆在每个馅饼的顶部。放入烤箱烘烤15—20分钟，待派呈现好看的金黄色即可。

4 趁热装盘，搭配新鲜香菜拌石榴粒的沙拉，浇上芝麻沙拉酱享用。

你能在大多数大型超市买到现成的香茅酱，也可以自己用一台食品处理器将新鲜香茅打成柔滑细腻的酱。

味噌鳕鱼奶油酥皮派
Miso cod in brioche pie

这道鲜美多汁的派完全值得你提前一天去准备。

4人份

准备时间 / 20分钟，腌制时间另计

制作时间 / 30分钟

4块150克的鳕鱼块（最好是黑鳕鱼）

黄油，用于涂抹

中筋面粉，用于铺撒

500克奶油酥皮（见第6页）

2个蛋黄，打成蛋黄液

味噌汁

150毫升日本清酒

450克白味噌酱

225克黄砂糖

味噌是一种来自日本的发酵酱料，原料为黄豆、大米、大麦、小麦和黑麦。它味道鲜咸，口感浓郁。

1 先制作味噌汁。在一只大炖锅中将清酒煮沸，倒入白味噌酱搅拌。加入黄砂糖，搅拌直至糖溶化。关火，晾凉。将黑鳕鱼块摆在浅盘子里，倒入味噌汁腌制。给盘子裹上保鲜膜，放入冰箱冷藏24小时。

2 将烤箱预热至200℃（风扇烤箱180℃）或燃气挡为6。给一只大烤模刷上黄油。

3 在撒有薄薄一层面粉的桌面上擀开奶油酥皮面团，擀出厚5毫米的长方形酥皮，刷去表面的面粉。然后将一些蛋黄液刷在酥皮的上表面。将黑鳕鱼块从味噌汁中捞出，沥去多余的卤汁，但让黑鳕鱼块保持湿润。将黑鳕鱼块紧紧地摆在一起，置于酥皮的中央。小心地将酥皮的边缘折起来包住黑鳕鱼块，做成小包裹的形状。剩下的味噌汁用来做调味汁。

4 将包裹好的酥皮放到烤盘上，确保酥皮的折口朝下，然后将剩下的蛋黄液刷在顶部。用尖刀在顶部划几道口子。

5 将派推入烤箱烘烤30分钟，待酥皮好看地隆起，呈现金黄色，内部的鱼肉烤熟即可。

6 接下来制作调味汁。将之前留下的味噌汁倒入小锅，中火煮5分钟，待卤汁变稠，看起来像糖浆即可。

7 鳕鱼派烤好后趁热上桌，搭配蒸小白菜和浓浓的味噌汁食用。

快速烘焙咸味馅饼
Quick Savoury Bakes

用现成酥皮制作的甜点

无花果意式培根挞
Fig and pancetta tarts

6人份

1 将一块现成的千层酥皮擀到极薄（2—3毫米厚），或大小足够覆盖一个不粘烤盘。将125克揉碎的意式培根和3—4个切成4瓣的无花果摆在酥皮上。加入一把百里香叶，足够的盐和黑胡椒粉，少许意大利香醋。意大利香醋能带出反味觉差，同时帮助无花果释放出甜味。

2 将烤箱预热至180℃（风扇烤箱160℃）或燃气挡为4，把挞推入烤箱烘烤10—12分钟，待酥皮变得松脆即可。出炉后将挞切成方块，搭配淋上清淡调味汁的芝麻菜沙拉食用。

橄榄酱面卷
Tapenade rolls

12人份

1 将一张现成的千层酥皮切成两半，每一份均呈长条状，然后铺上一层薄薄的橄榄酱。将每条酥皮卷起来，做成2根长面卷。给不粘烤板刷上鸡蛋液，撒上少许芝麻后，将面卷置于烤板上。将面卷推入预热至180℃（风扇烤箱160℃）或燃气挡为4的烤箱中，烘烤8—10分钟，待面卷呈现金黄色即可。

2 这些面卷特别适合用来下酒。另外，你还可以试着给酥皮刷上松子青酱或红彤彤的番茄酱来做这道面卷。

帕玛森奶酪汤泡酥皮
Parmesan pastry soup toppers

12人份

1 将一块现成的千层酥皮擀到极薄（2—3毫米厚）。在顶部刷上鸡蛋液，用酥皮模子压出若干直径5厘米的圆形酥皮，置于不粘烤板上。磨好100克帕玛森奶酪，在每两张圆形酥皮之间撒上奶酪碎。

2 烤箱预热至180℃（风扇烤箱160℃）或燃气挡为4，将酥皮推入烘烤10分钟左右，待酥皮变得酥脆，呈现金黄色即可。出炉后摆在一碗或者一马克杯的热汤上——有滋有味！

快速烘焙半圆比萨饼
Quick calzone

4人份

1 在煎锅中倒入少许橄榄油，加入洋葱薄片和125克西班牙辣香肠片翻炒，直至洋葱开始变软。将一块现成的千层酥皮擀开，直至酥皮极薄（2—3毫米厚），切成4张正方形酥皮。将方形酥皮置于不粘烤盘上，在酥皮边缘刷上宽1厘米的鸡蛋液。

2 给每块酥皮的四个角抹上1茶匙番茄酱，再倒上炒好的洋葱和西班牙辣香肠片。然后加入一片小鳀鱼干、125克磨碎的马苏里拉奶酪或切达奶酪。将酥皮的两个角对折，做成三角形，包住馅料，封住边缘。为馅饼顶部刷上鸡蛋液，推入预热至180℃（风扇烤箱160℃）或燃气挡为4的烤箱中烘烤15分钟，待酥皮呈现金黄色即可。

焦糖洋葱山羊奶酪酥
Caramelized onion and goats' cheese pastries

4人份

1 从一张擀好的油酥皮面团上切出4张圆形酥皮，放在2个不粘烤盘上。在酥皮上刷鸡蛋液后，铺上一层1汤匙焦糖色的红洋葱酸辣酱。

2 摆上一片牛排番茄、少许罗勒叶、一片山羊奶酪。用盐和黑胡椒粉调味后，推入预热至180℃（风扇烤箱160℃）或燃气挡为4的烤箱中烘烤12—15分钟，待酥皮呈现金黄色即可。

快速烘焙鱼丁派
Quick fish pie

4人份

1 取出2张擀好的千层酥皮，将1张摆在大烤盘中，给酥皮边缘刷上1厘米宽的鸡蛋液。将250克软奶酪、125克切碎的熟菠菜、半茶匙肉豆蔻粉、2个鸡蛋的鸡蛋液倒入碗中搅拌混合，用盐和黑胡椒粉调味。然后将蛋奶糊倒在酥皮中间，再摆上375克生鱼丁，比如三文鱼、鳕鱼、黑线鳕，以及125克去皮煮熟的明虾。

2 在顶部盖上另一张酥皮，封好边缘。在酥皮顶上刷鸡蛋液，戳上小洞，以便发散蒸汽。推入预热至180℃（风扇烤箱160℃）或燃气挡为4的烤箱中烘烤30分钟，待酥皮隆起，呈现金黄色即可。

美味伴菜
Savoury Accompaniments

四季豆拌红葱头
Green beans with shallots

最喜欢的小菜——嚼劲十足的四季豆配上爽口的红葱头和美妙酥脆的烤榛子。

6人份

250克四季豆
250克小朵西兰花
2个红葱头，切碎
2茶匙红酒醋
75克烤榛子，切碎
盐和现磨的黑胡椒粉

1 在炖锅中将水煮沸，倒入四季豆、小朵西兰花，撒少许盐，将蔬菜焯到脆脆的，沥干，把蔬菜浸入冰水中，保持色泽鲜绿。

2 用餐前，将四季豆和小朵西兰花沥干，装入碗中。在另一个碗中倒入切碎的红葱头，拌入红酒醋，并用盐和黑胡椒粉调味，然后将红葱头酱汁淋在绿色蔬菜上。最后撒上切碎的烤榛子即可。

番茄莎莎酱
Tomato salsa

完美的夏日小菜，滋味无穷，色泽诱人，吃法也多种多样。

6人份

4个番茄，去皮切丁
1个红洋葱，切碎
1个红辣椒，去籽，切成极小的碎末
1汤匙切碎的新鲜香菜
1个青柠磨碎外皮，榨汁

1 将番茄丁、红洋葱、红辣椒末倒入碗中混合，加入切碎的新鲜香菜、青柠皮、青柠汁搅拌即可。

2 食用前冷却30分钟。

摩洛哥风味烤蔬菜
Moroccan roasted vegetables

这道小菜特别适合搭配各种肉馅派食用，特别是羊肉派。

6人份

250克红薯，去皮，切成大块
250克冬南瓜，去皮，切成大块
1瓣大蒜，切碎
2汤匙橄榄油
200克希腊酸奶
3茶匙摩洛哥混合香料

---

1 将红薯、冬南瓜块、蒜末倒在烤盘内，浇上些橄榄油。

2 推入预热至180℃（风扇烤箱160℃）或燃气挡为4的烤箱中烘烤40分钟，待食材变软。烤好后装盘，在顶部淋上希腊酸奶，撒上摩洛哥混合香料即可。

中东风塔布勒沙拉
Middle Eastern tabouleh salad

这是一道吃起来让人神清气爽的小菜，适合搭配夏日风味的馅饼享用。

6人份

1个生番茄，切碎
半个红洋葱，切碎
1个柠檬，榨汁
半茶匙辣椒粉（可选）
3把平叶欧芹，切碎
1小把薄荷，切碎
半汤匙特级初榨橄榄油
盐和现磨的黑胡椒粉

---

1 将番茄、红洋葱、柠檬汁放入大碗中搅拌均匀。用盐和黑胡椒粉调味，如果有辣椒粉，也可以加辣椒粉。

2 往碗中依次加入平叶欧芹碎、薄荷碎、特级初榨橄榄油，搅拌均匀，如果觉得味道不够，可以加入更多的橄榄油和柠檬汁。

洋葱酱
Onion marmalade

这道香浓的洋葱酱特别适合搭配本书中食材较丰富的馅饼享用，比如第42页的甜菜根西兰花挞。

6人份

50毫升白醋
70克精细黑蔗糖
1个大橙子磨碎外皮，榨汁
2茶匙混合香料粉
6个大红洋葱，切片
200克新鲜（或冰冻）红莓

---

1 将白醋和黑蔗糖倒入厚底炖锅，加入橙子皮、橙子汁、混合香料粉。小火煮开，煮至汤汁总量减少三分之一。

2 加入红洋葱片和红莓，煮至汤汁总量再减少三分之一，晾凉后盛出。

无花果酸辣酱
Fig chutney

由于这道酸辣酱的原料是无花果，它尝起来不仅有甘甜的蜂蜜味，还有糯糯的口感。

6人份

300克干无花果
1个红洋葱，切片
2茶匙橄榄油
150克浅色红糖
200毫升白葡萄酒醋
半茶匙姜粉
半茶匙肉豆蔻粉
盐和现磨的黑胡椒粉

---

1 将干无花果倒入一锅沸水中煮15分钟，沥干水。

2 在煎锅中倒入橄榄油，翻炒洋葱片直至变软。加入浅色红糖，把洋葱煮到稍有焦糖色，再往锅内加入沥干的无花果、白葡萄酒醋、姜粉、肉豆蔻粉、盐、黑胡椒粉。小火煮1小时，不时搅拌以免煮焦。

3 晾凉后放入经过消毒的罐内储存。放在冰箱里冷藏，最久可保鲜4周。

甜挞和甜派

SWEET TARTS AND PIES

可以从制作各式各样美妙可口的酥皮中得到乐趣，是烘焙甜味馅饼时最令人兴奋的事。不管是清爽松脆的甜脆酥皮，蓬松细腻的奶油酥皮，还是层层叠叠的千层酥皮，一道派或挞是否成功，首先就要看酥皮做得如何——馅料再美味，不合格的酥皮也会让用餐体验大打折扣。通过为酥皮加入不同的配料，可以轻松提升你的烘焙水平，我个人偏爱的有杏仁酥皮（见第3页），或香浓的巧克力酥皮（见第4页），它能为所有使用可可粉的馅饼增味不少。有时，仅仅是在酥皮中加入一些坚果碎或新鲜香草，比如薄荷，也能大大提高甜品的滋味或口感。

我在本书中介绍了各种美味时尚、让人食指大动的甜味挞和派，包括经典的苹果派、口感香浓的南方巧克力软泥派，还有不怎么常见的杧果胡椒派。我相信本书会带给你丰富的灵感，不论是轻松随意的晚餐，还是人数众多的家族欢宴，你都能应对自如。其中有一些美味的馅饼一定也会成为你的拿手之作。

杏子蜂蜜开心果挞

Apricot, honey and pistachio tart

这道馅饼的灵感源自我在中东地区旅行的所见所闻。我热爱中东甜品，它有着层层叠叠的松脆酥皮，上面淋着蜂蜜或者芳香甜美的糖浆。这道挞风味淳朴，推荐你邀好友一起品尝。

6人份

准备时间 / 25分钟

制作时间 / 40分钟

100克无盐黄油，融化

6张薄酥皮

500克新鲜杏子，切成两半后去核

75克浅色红糖

50克液态蜂蜜

25克开心果，去壳后粗略切碎

1—2汤匙糖粉

馅料

125克无盐黄油，晾软

125克黄砂糖

65克杏仁碎

65克开心果碎

4滴杏仁香精

1茶匙纯香草酱或香草精

3个鸡蛋

如果没有新鲜杏子，可以用罐装杏子代替。

1 首先制作馅料。将黄油和黄砂糖混合在一起，搅打至白色、蓬松的奶油状。加入杏仁碎和开心果碎后继续搅打，直至奶油细腻柔滑。加入杏仁香精和纯香草酱（或香草精），依次打入3个鸡蛋搅拌。

2 将你的烤箱预热至180℃（风扇烤箱160℃）或燃气挡为4。用酥皮刷沾少许融化的黄油，抹在直径22厘米、深2.5厘米的烤模或烤盘内。

3 将薄酥皮分开，不用的酥皮先用一块湿布盖住，以防酥皮变干。在1张千层酥饼皮上刷满黄油，铺在烤模中，盖住底座和边缘，并在烤模的边缘留出7厘米的酥皮边。其他4张酥皮重复同样的操作，将酥皮交叉叠加，盖住烤模底座和内壁。

4 小心将开心果奶油均匀铺在烤模的底座上，厚度2厘米左右。将杏子随意地摆放在开心果奶油上（因为它本来就是一道随意的挞），在杏子上撒上浅色红糖。将多出的酥皮边往中心折，盖在馅料上。给剩下的薄酥皮刷上黄油，捏成皱皱的一团，摆在馅饼顶部。

5 将馅饼推入烤箱烘烤40—45分钟，待酥皮呈焦糖化的金黄色，杏子变软即可。将仍装在烤模中的挞放在用于晾凉的铁架上，浇上大量的蜂蜜。让馅饼继续在烤模中晾凉。将切碎的开心果撒在馅饼顶部，再撒上薄薄的一层糖粉，趁温度适中时上桌。同时大可搭配用香草、蜂蜜、玫瑰水调味的希腊酸奶享用。

西印度风味巧克力挞
West Indies chocolate tart

加勒比群岛是我最喜欢的度假地之一。人们把格林纳达岛称作“香料之岛”，因为那里生长着一些了不起的香料，比如说可可豆。在这份食谱中我将这些极其美妙的本地食材融合到了一起。这是一份好吃到让人不能自拔的异国甜点——口感非常酥脆！

8人份

准备时间 / 20分钟，冷却时间另计

制作时间 / 20分钟

250毫升稀奶油

50克麦芽糖浆

1根香草豆荚，纵向切成两半

1个八角茴香

1根肉桂棒

半茶匙现磨的肉豆蔻粉

200克黑巧克力，掰碎

75克无盐黄油

1个经过盲焙的巧克力酥皮面团（见第4页），置于边长22厘米、深3厘米的正方形烤模中

巧克力牛轧糖

50毫升牛奶

125克无盐黄油，切碎

50克葡萄糖浆

150克黄砂糖

75克烤杏仁片

25克咖啡豆，打碎

装饰

肉桂棒、八角茴香、可可粉

---

1 将稀奶油、麦芽糖浆、香草豆荚、全部香料倒入炖锅中煮沸。将锅子从灶上移开，放在一边让食材浸泡10分钟，让奶油入味。

2 将黑巧克力倒入大碗中。将入味的奶油用筛子过滤到黑巧克力上。趁巧克力奶油尚温，加入黄油，用木勺轻轻地搅拌直至食材混合——黄油会在余热中融化。搅拌时别太过用力。将巧克力奶油倒入烤好的巧克力酥皮面团中，放入冰箱冷藏一会儿，让甜挞凝固。

3 将烤箱预热至180℃（风扇烤箱160℃）或燃气挡为4。在烤板上铺上硅胶烤纸。

4 制作巧克力牛轧糖。将牛奶、黄油和麦芽糖浆倒入干净的炖锅中，小火加热直至黄油完全融化。加入黄砂糖搅拌直至溶化。将火力调高，直至糖浆更浓稠，但不是煮成焦糖（如果你使用糖温度计，温度应显示为106℃）。将炖锅从灶上移开，倒入烤杏仁片和打碎的咖啡豆搅拌。将拌好的糖浆倒在准备好的烤板上，推入烤箱中烘烤12—15分钟，待巧克力牛轧糖表面带上好看的焦糖色即可。

5 将巧克力牛轧糖晾凉，待其变脆，然后掰成几大片，插入冰冻好的挞中，再用肉桂棒、八角茴香等点缀。最后在顶部撒上大量可可粉。

6 用香草籽和黑朗姆酒调味的浓味英式奶油酱跟这道挞简直是绝配！

麦芽糖浆现在在很多大型超市的烘焙专区都可以买到，通常是装在管子或小罐子里。

巧克力伯爵红茶挞
Chocolate and Earl Grey tarts with roasted figs

这道巧克力挞真的是完美又可口、好看又好吃的甜点。新鲜的烤无花果的温度令底下的巧克力软泥夹心融化，吃上一口，让人欲罢不能，余味无穷。

6人份

准备时间 / 10分钟，浸泡入味时间另计

制作时间 / 15分钟

500毫升稀奶油

2袋伯爵红茶茶包

300克黑巧克力

6个经过盲焙的巧克力酥皮，每个置于直径10厘米的烤模内，使用250克酥皮面团（见第2页）

6个大无花果（或12个小无花果）

2汤匙浅色红糖

1茶匙肉桂粉

如果想让挞的外观变得更加诱人的话，上桌前可以在无花果上撒一层薄薄的糖粉和可食用金粉。

1 将稀奶油倒入炖锅中煮沸。将锅子从灶上移开，加入伯爵红茶茶包，让茶包在奶油里浸泡至少30分钟。

2 将黑巧克力放入耐热碗内，用炖锅将水小火煮开后，将耐热碗置于炖锅上方，让巧克力融化，注意别让开水碰到碗。

3 当伯爵红茶茶包在稀奶油中浸泡完毕，提起，挤干，然后去掉。重新加热稀奶油，但不要煮沸。通过筛子将稀奶油过滤到温热的巧克力上，轻轻混合直至巧克力奶油变得柔滑、有光泽。将巧克力奶油倒满烤好的巧克力酥皮，放入冰箱冷藏1小时。

4 将烤箱预热至180℃（风扇烤箱160℃）或燃气挡为4。

5 将无花果切成4瓣——别完全切开，保持4瓣底部相连，然后置于烤盘中。撒上盐、肉桂粉，推入烤箱烘烤10—12分钟，待无花果变软，诱人的果汁慢慢渗出即可。

6 用一只大勺将无花果舀到冷藏后的挞上。浇上一些热无花果汁以及一勺肉桂味的法式酸奶油即可享用。

黑加仑糖粉奶油挞
Blackcurrant streusel tart

在布列塔尼做完学徒后，我去卢森堡工作了一年。那里的糕点店水准很高，特色甜点之一就是糖粉奶油挞。我最爱的是加入黑加仑的版本，它浓香扑鼻。我太爱果汁渗出酥脆表皮的样子了。

8人份
准备时间 / 25分钟
制作时间 / 35分钟

1份甜脆酥皮面团（见第3页）
黄油，用于涂抹
中筋面粉，用于铺撒
400克新鲜（或冰冻）黑加仑
100克黄砂糖
1茶匙柠檬皮碎
1汤匙柠檬汁
2汤匙粗粒小麦粉
2茶匙黑醋栗甜酒

布丁馅

6个鸡蛋黄
100克黄砂糖
25克玉米淀粉
350毫升牛奶
1根香草豆荚，纵向切成两半

糖粉奶油饰面

125克全麦面粉
50克浅色红糖
50克无盐黄油
半茶匙肉桂粉
50克杏仁粉

---

1 将烤箱预热至180℃（风扇烤箱160℃）或燃气挡为4。为直径23厘米、深3厘米的可脱底烤模抹上黄油。案台撒上薄薄一层面粉，擀开甜脆酥皮面团，铺在烤模中（见第10页）。

2 制作布丁馅。在大碗中搅打鸡蛋黄和黄砂糖，直至蛋黄液变白、变蓬松。加入玉米淀粉，搅拌均匀。将牛奶倒入炖锅，放入香草豆荚煮沸。捞出香草豆荚，将剩下的牛奶浇在蛋黄液上，持续搅拌。将牛奶蛋黄液倒回炖锅中，小火搅拌，直至微微沸腾。煮2分钟后离火冷却，将牛奶蛋黄液倒在甜脆酥皮里。

3 制作黑加仑馅料。将黑加仑、黄砂糖、柠檬皮、柠檬汁、粗粒小麦粉、黑醋栗甜酒倒入碗中搅拌均匀，然后铺在布丁馅上。

4 制作糖粉奶油。将所有用来制作糖粉奶油的配料放入大碗中，用手指将黄油揉进去，直至得到粗糙面包屑似的面糊后，倒在挞上，完全覆盖住。

5 将挞推入烤箱烘烤30—35分钟，待糖粉奶油饰面呈现好看的金黄色，黑醋栗的果汁起泡渗出即可。将馅饼留在烤模中晾凉。

◆ 享用这道馅饼时，我喜欢搭配香槟萨芭雍，它几乎将皇家基尔香槟鸡尾酒的所有滋味都融合到了一道甜品里。

杏仁酒桃子挞
Amaretto and peach tart

小时候，我和家人有时会为了躲开布列塔尼变幻莫测的天气，去法国西南部度假一周，我们最爱的地方是比利牛斯山。那里有灿烂的阳光，而且远离南方闹市的喧嚣，道路两旁还栽种着一排排梨树……这道馅饼令我回想起太多的美好时光。

8人份

准备时间 / 20分钟，腌制一晚的时间另计

制作时间 / 45分钟

6个熟桃子（但不要太熟太软）

250毫升水

400克黄砂糖

2根香草豆荚，纵向切成两半

100克无盐黄油，软化

250克杏仁粉

2个鸡蛋

2汤匙杏仁酒

1个经过盲焙的杏仁酥皮面团（见第3页），置于直径23厘米、深3厘米的烤模中

50克杏仁片

---

1 提前一天煮桃子。在大炖锅中倒入足够没过桃子的水，煮开。加入桃子，将它们煮2分钟直至发白，把水沥干，用冷水冲洗桃子。用尖刀将桃削皮。

2 将水、200克黄砂糖、香草豆荚倒入炖锅中煮开。煮5分钟后将火关小，煮一会儿，再加入桃子煮10分钟。炖锅离火，让桃子在糖浆中晾凉。盖上盖子，放入冰箱冷却一晚上，让桃子入味。

3 当你准备烤馅饼时，将烤箱预热至180℃（风扇烤箱160℃）或燃气挡为4。

4 在大碗中倒入黄油、剩下的黄砂糖、杏仁粉，搅拌混合。一次往里打一个鸡蛋，然后倒入杏仁酒搅拌均匀后，倒入酥皮烤模里。

5 将煮好的桃子从糖浆中捞出，切片去核。将桃片分散摆在杏仁奶油的顶部，再撒上杏仁片。将挞推入烤箱烘烤30—35分钟，待挞变得金黄即可。

6 将挞留在烤模中晾凉，搭配纯杏仁奶雪葩享用。

!

酥皮中的杏仁粉一定要是现磨的。

大黄草莓挞
Rhubarb and strawberry tart

看到草莓和那长着浅红色梗的食用大黄高高地堆在蔬果店和农贸市场的时候，就知道夏天终于来了。这道馅饼芳香四溢，尤其是加入了新鲜薄荷的酥皮，让人精神为之一振。

6—8人份

准备时间 / 20分钟，冷却时间另计

制作时间 / 10分钟

1个甜脆酥皮（见第3页），加入了几片切碎的薄荷叶

1汤匙柠檬汁

1汤匙玉米淀粉

700克草莓，去掉花萼，切成两半

150克粉色大黄茎部，切成1厘米厚的小块

100克蜜饯糖

装饰

糖粉

薄荷小叶枝

---

1 给直径23厘米、深3厘米可脱底的烤模抹上黄油。将酥皮在撒有薄薄一层面粉的桌面上擀开，将擀好的酥皮铺在烤模内（见第10页）。给酥皮铺上烤纸，倒入烘豆，进行盲焙（见第11页）。将酥皮留在烤模中晾凉。

2 将柠檬汁、玉米淀粉倒入大炖锅中搅拌混合。加入300克草莓、所有大黄茎块、蜜饯糖，小火加热直至糖溶化。然后继续煮10—15分钟，待水果都变成脆脆的糖渍水果，糖浆不要太稀。晾凉。

3 将糖渍水果倒入酥皮面团烤模的最好时机是在即将上桌之前，可以防止酥皮变得太湿。将烤好的酥皮从烤模里脱出，把冷却的糖渍水果铺在酥皮里，然后将剩下草莓整齐地摆在挞的顶部，插上一些薄荷小叶枝点缀。撒上糖粉，即可上桌。

4 搭配一份香草冰淇淋，这道甜品新鲜清爽的口感会更加突出。

蜜饯糖含有额外的果胶，能帮助糖渍水果保持立体、结实。

烤覆盆子罗勒挞
Baked raspberry and basil tart

有时候新鲜的香草或香料能帮助食材释放出自身的原味——比如黑胡椒粉和草莓，盐和巧克力。在做这道挞时，加入的新鲜罗勒能使覆盆子的风味更浓。看到烤覆盆子的果汁从酥皮表面渗出来的样子总是让我欣喜不已。

8人份

准备时间 / 15分钟，隔夜浸泡时间另计

制作时间 / 20分钟

1个原味海绵蛋糕，直径20厘米

1个经过盲焙的甜脆酥皮面团（见第3页），置于直径23厘米、深3厘米的烤模中

5汤匙覆盆子酱

500克覆盆子

罗勒糖浆

125毫升水

125克黄砂糖

6片罗勒叶

---

1 首先制作罗勒糖浆，将水和黄砂糖倒入炖锅中煮沸。加入罗勒叶浸泡，让水泡入味，时间尽量长——最好是泡一晚上。

2 将烤箱预热至200℃（风扇烤箱180℃）或燃气挡为6。将海绵蛋糕切成上下两半。

3 在一半蛋糕上抹上覆盆子酱，将抹上酱的一面朝下，置于烤好的酥皮烤模中。将另一半海绵蛋糕放在一边，留到下次使用。

4 将罗勒叶从糖浆中捞出扔掉，然后用勺子将糖浆淋到蛋糕上，直到糖浆被蛋糕均匀地吸收。

5 将覆盆子堆在挞顶，将挞推入烤箱烘烤15分钟，待覆盆子变热，渗出果汁即可。趁热上桌。

可以将剩下的一半海绵蛋糕冰冻起来，下次做其他甜点或查佛蛋糕时使用。

柠檬挞
Tarte au citron

这是“蛋糕男孩”卖得最好的甜品挞，也是我最喜欢的餐后甜品。馅料实在太爽口了，一口咬下去，你所有的味蕾都会被唤醒！

6人份

准备时间 / 15分钟

制作时间 / 15分钟

4个大柠檬

175克黄砂糖

2个鸡蛋

200克无盐黄油，切丁

1个经过盲焙的甜脆酥皮面团（见第3页），置于直径23厘米、深3厘米的烤模中

2汤匙白砂糖

1 磨碎2个柠檬的皮，然后在另外2个柠檬的皮上削下薄片，切成丝。给柠檬榨汁，得到150毫升柠檬汁。将磨碎的柠檬皮和柠檬汁倒入炖锅中，加入75克黄砂糖后煮沸。将柠檬皮丝放在一边。

2 将鸡蛋打到大碗中，加糖打至起泡。将热柠檬汁倒入打好的鸡蛋里，持续搅打，打均匀后倒入炖锅中，慢慢煮至稍微沸腾，然后再持续搅拌煮2—3分钟。

3 炖锅离火，往锅内倒入黄油搅拌，直至鸡蛋浆变得细腻柔滑，晾10—15分钟。然后将鸡蛋浆倒入烤好的酥皮烤模中，放入冰箱冷藏，直至完全冷却。

4 接下来制作甜柠檬皮丝，用作点缀。往小炖锅中加水后煮沸，加入之前留下的柠檬皮丝，煮10分钟。沥干水，将柠檬皮丝放在黄砂糖中滚上一层糖衣。将蘸上糖衣的甜柠檬皮丝点缀在挞上，就可以上桌了。

◆ 我喜欢就这样享用这道挞，但许多朋友喜欢蘸一点鲜奶油。

蓝莓杏仁挞
Blueberry amandine tarts

这道馅饼是法式经典甜品，而加入蓝莓的做法是我最喜欢的。用覆盆子和黑加仑代替蓝莓也特别美味。

6人份

准备时间 / 10分钟

制作时间 / 20分钟

黄油，用于涂抹

中筋面粉，用于铺撒

1份甜脆酥皮面团（见第3页）

250克新鲜（或冰冻）蓝莓

2个鸡蛋

150毫升法式酸奶油

75克黄砂糖

50克杏仁粉

1汤匙玉米淀粉

1滴杏仁精

15克杏仁片

---

1 将烤箱预热至180℃（风扇烤箱160℃）或燃气挡为4。

2 为6个直径10厘米的可脱底烤模抹上黄油。在撒有薄薄一层面粉的桌面上擀开甜脆酥皮面团，将擀好的酥皮铺在烤模内（见第10页）。

3 将蓝莓分别装入每个酥皮烤模中，占四分之三的空间。

4 将鸡蛋打入大碗中，倒入法式酸奶油，搅拌混合。继续加入黄砂糖、杏仁粉、玉米淀粉、杏仁精搅拌均匀，直至奶油糊变得柔滑细腻。将奶油糊倒在蓝莓上，使蓝莓完全被盖住；最后在顶部撒满杏仁片。将挞推入烤箱烘烤20—25分钟，待酥皮烤好，呈现金黄色即可。

5 将馅饼留在烤模中晾凉，趁温热或完全冷却时上桌，搭配法式酸奶油享用。

金黄发亮的外壳会让整道甜品看起来更加精致、完美——将挞推入烤箱烘烤前，在小炖锅中小火加热6茶匙的杏子酱，过滤后将杏子酱刷在每个挞的顶部。

香梨榛子挞
Pear and hazelnut tart

布达鲁耶洋梨挞是一道经典甜品，这道挞是我根据前者改进的甜点。我用榛子代替了杏仁，为果挞增添了些嚼头，最后淋上黑巧克力，为它画上完美的句号。

8—10人份

准备时间 / 梨子的处理需要一晚，再加25分钟，冷却时间另计

制作时间 / 15分钟

1个经过盲焙的甜脆酥皮面团，置于直径23厘米、深3厘米的烤模中

60克纯黑巧克力，切碎

30克烤榛子（代替杏仁），粗略切碎

水煮梨子

8个大梨子

100毫升水

100克黄砂糖

1根香草豆荚，纵向切成两半

榛子奶油

300毫升牛奶

60克玉米淀粉

3个鸡蛋

2茶匙香草糖

75克黄砂糖

100克烤榛子粉

1 提前一天将梨子准备好：把梨子去皮，切成两半，去核。将水、香草糖、香草豆荚倒入大炖锅中，逐渐将水煮沸，搅拌直至香草糖溶化。将梨子浸入微微沸腾的糖浆中，盖上盖子煮10—12分钟，待刀子可以轻松切入梨肉即可。将炖锅从灶上移开，让梨子在糖浆中晾凉，然后将装着梨子的炖锅在冰箱中放一晚，给梨子入味。

2 准备做挞时，先制作榛子奶油。将牛奶倒入炖锅中煮沸。在大碗中倒入玉米淀粉，依次打入鸡蛋，搅拌混合。再加糖，搅拌均匀。将热牛奶淋在鸡蛋面糊上，搅拌均匀。然后将牛奶鸡蛋糊倒回炖锅中煮沸，再煮2分钟，持续搅拌。

3 往奶油中加入榛子粉，搅拌均匀。用刮刀将奶油铺在烤好的酥皮烤模的底座上。

4 将纯黑巧克力放入碗中，架在微微沸腾的水的上方让巧克力融化，确保碗底不碰到水。沥干梨块，摆在榛子奶油的顶部，最后撒上烤榛子，浇上融化的巧克力即可。将挞放入冰箱冷藏至少2小时后上桌。

我喜欢将榛子放入热烤箱烤几分钟，让味道更加浓烈。

苹果挞

Tarte aux pommes

有时最简单的东西就是最好的，这道馅饼就是完美的例子！层层叠叠的奶油味酥皮，香脆的熟苹果，以及蜂蜜包裹着的烤杏仁——这是一道完美的快速甜品。

6—8人份

准备时间 / 15分钟

制作时间 / 30分钟

250克现成或自制千层酥皮（见第8—9页）

中筋面粉，用于铺撒

1个鸡蛋黄，稍微打散

70克微咸黄油，融化

100克浅色粗红糖

6个青苹果，去核削皮，切薄片

75克杏仁片

2汤匙液态蜂蜜

---

1 将烤箱预热至200℃（风扇烤箱180℃）或燃气挡为6。

2 在撒有薄薄一层面粉的桌面上将千层酥皮擀成直径26厘米的圆盘。小心提起圆形酥皮，置于一张大烤板上。用酥皮刷给酥皮边缘刷上一点水，将酥皮润湿。用指头将酥皮边缘稍稍卷起，给卷起来的边缘刷上蛋黄液，然后给酥皮的其余部分刷满大量半融化的黄油。在抹好黄油的酥皮上，撒上浅色粗红糖。

3 将苹果片呈风扇状摆在馅饼上，跟边缘重叠。给苹果片刷上剩下的黄油，再在上面撒上杏仁片。将挞推入烤箱烘烤20分钟，待酥皮烤好，呈现金黄色，苹果片边缘变色。

4 在小炖锅中加热蜂蜜，然后将蜂蜜淋在热苹果片上。将馅饼推回烤箱再烤10分钟，把蜂蜜烤成焦糖色即可。趁热上桌——我最爱的配菜是咸味黄油焦糖冰淇淋或咸味黄油焦糖酱。

想要轻松提起圆形酥皮，可以先在一张大保鲜膜上将酥皮面团擀开，然后用保鲜膜将酥皮提起，覆盖在擀面杖上。用擀面杖拎起酥皮，将它置于烤板上，最后将保鲜膜轻轻揭下。

苹果杏仁牛轧糖挞

Apple and almond nougat tart

我记得我母亲在做这道挞时，用到的是我们在圣诞节吃剩的散装牛轧糖。坚果牛轧糖那甘甜的蜂蜜味跟脆脆的苹果片特别相配。

8人份

准备时间 / 15分钟

制作时间 / 30分钟

2个鸡蛋

50克黄砂糖

1汤匙玉米淀粉

150毫升牛奶

1汤匙高脂厚奶油

100克果仁牛轧糖

3个青苹果，削皮去核，切成脆片

1个经过盲焙的甜脆酥皮面团（见第3页），置于直径23厘米、深3厘米的烤模中

50克无籽葡萄干

25克开心果，去壳，切碎

---

1 将烤箱预热至160℃（风扇烤箱140℃）或燃气挡为3。

2 将鸡蛋和黄砂糖倒入大碗中搅拌直至颜色发白、呈奶油状。再往里倒入玉米淀粉搅打。

3 将牛奶、高脂厚奶油和果仁牛轧糖倒入炖锅中煮沸。搅拌直至果仁牛轧糖溶化。将煮好的奶糖糊倒在鸡蛋玉米淀粉糊上，用搅拌器搅拌均匀。

4 将苹果片摆在烤好的酥皮烤模中，撒上无籽葡萄干、开心果碎。将牛轧糖蛋奶糊浇在苹果片上，推入烤箱烘烤30—35分钟，待馅料熟透，呈现金黄色即可。

口感甜脆的苹果最适合用来做这类甜品了。

吉卜赛挞
Gypsy tart

吉卜赛挞源于英国南部的肯特郡。这道历史悠久的经典甜品又重新回到了大家的餐桌上，而且仅仅使用几种食材就能做好。我第一次吃吉卜赛挞是在我朋友马克·萨金特的洛克索特餐厅里。

8人份

准备时间 / 15分钟，冷却时间另计

制作时间 / 15分钟

1个410克的罐头炼乳，冷却

300克黑蔗糖

1个经过盲焙的甜脆酥皮面团（见第3页），置于直径25厘米、深4.5厘米的烤模中

---

1 将烤箱预热至180℃（风扇烤箱160℃）或燃气挡为4。

2 将炼乳和黑蔗糖倒入大碗中，用电动手持搅拌器搅拌至少15分钟，直至奶油变得浓稠蓬松。将奶油倒入烤好的甜脆酥皮烤模中，推入烤箱烘烤15分钟。出炉时馅料会显得有点黏糊，冷却后会凝固起来。

3 晾凉2小时后上桌，大可搭配柠檬奶酪（见第160页）一起享用。

将罐头炼乳放入冰箱冷藏一晚再使用，你的馅料会变得更加蓬松！

皇家草莓挞
Strawberry tart 'royale'

这道造型华丽的甜品历史悠久，堪称经典，但它几乎从糕点师傅的菜单上消失了。真是遗憾，因为它的馅料搭配是如此非凡，尝起来非常的香甜可口。

8人份

准备时间 / 15分钟

制作时间 / 25分钟

375克现成或自制千层酥皮
（见第8—9页）
中筋面粉，用于铺撒
15克无盐黄油，融化
50克无盐黄油
2汤匙黑蔗糖
2根半熟香蕉，切片
2汤匙香蕉奶油利口酒
300毫升鲜奶油
2茶匙香草酱或香草精
250克黄砂糖
350克新鲜草莓，去掉花萼，切成两半

可将经过搅打的奶油抹一点在烤好的酥皮下面，防止酥皮在盘子里滑来滑去。

1 将烤箱预热至200℃（风扇烤箱180℃）或燃气挡为6。

2 将千层酥皮面团放在撒有薄薄一层面粉的桌面上擀开，直至厚度为5毫米。从中切出一块直径23厘米左右的圆形酥皮，摆在烤模内。

3 给酥皮刷上融化的黄油，用叉子戳洞，在边缘留出2厘米宽的边界。给酥皮盖上一张烤纸，再在上边摆上另一个烤盘。推入烤箱烘烤15分钟，然后小心地将顶部的烤盘和烤纸移除，再烤5分钟。待酥皮烤好，呈现金黄色即可。将烤盘摆在铁架上晾凉。

4 在煎锅中倒入无盐黄油、黑蔗糖，小火加热。将火力调高，加入香蕉片，加热至金黄，只翻一次边。淋上香蕉奶油利口酒后，点火烧锅（给酒精点火，见第23页的小提示）。关火，让锅里的食材冷却。

5 将鲜奶油、香草酱（或香草精）、100克黄砂糖倒入大碗中搅打至湿性发泡。

6 将烤好的圆形酥皮装盘，在中央倒上冷却的香蕉片。用刮刀将奶油铺满香蕉片。然后将草莓摆放在奶油顶部。

7 在厚底炖锅中倒入剩下的黄砂糖，加热煮至呈现好看的金黄色。炖锅离火，将糖浆小心地在草莓上拉丝。我喜欢用几片可食用的金色树叶点缀这道甜品。

皇家草莓挞 详细步骤

1 擀开千层酥皮面团，切出圆形酥皮，推入烤箱进行烘烤。

2 在煎锅中倒入黄油和黑蔗糖，加热融化。

3 加入香蕉片，加热至金黄色，加入香蕉奶油利口酒。

4 用火点燃酒精，待酒精燃烧完之后，把香蕉晾置一边。

5 在盘子底抹一点点奶油，防止酥皮在盘子里滑来滑去。

6 在酥皮上摆满做好、晾凉的香蕉。

7 往香蕉上抹奶油。

8 在顶上摆好草莓。

9 在热锅中将黄砂糖加热至焦糖色，慢慢地在馅饼顶部拉丝。

糖浆挞
Treacle tart

2年多前，我在英国发现了这道英式经典甜品。随着美食酒吧的兴起，糖浆挞再次在餐桌上流行起来。曾经的“校园晚餐”布丁现在摇身一变，成了一道非常精致可口的甜品。

6人份

准备时间 / 10分钟

制作时间 / 30分钟

黄油，用于涂抹

250克甜脆酥皮（见第3页）

4片厚片白面包（去边）

1个柠檬，取皮切碎，果肉榨汁

8汤匙金黄色糖浆

1茶匙香草精

---

1 将烤箱预热至200℃（风扇烤箱180℃）或燃气挡为6。为长25厘米、宽20厘米、深3厘米的长方形烤模抹上黄油。

2 在撒有薄薄一层面粉的桌面上擀开酥皮面团，用擀好的酥皮铺好烤模（见第10页）。放入冰箱冷藏至少12分钟。

3 将面包捏碎（我喜欢把面包屑捏得比较大块一点），放入碗中，然后加入磨好的柠檬皮。将金黄色糖浆倒入小炖锅中，加入柠檬汁和香草精，小火加热，然后淋在面包屑上，搅拌混合。

4 轻轻地将糖浆面包屑铺在酥皮烤模中。将挞推入烤箱烘烤20分钟，然后将火力下调至180℃（风扇烤箱160℃）或燃气挡为4，再烘烤10分钟。待馅饼完全冷却，从烤模中移出。

◆ 我最享受的是用这道挞配上另一英国经典甜食——纯德文郡奶油……妙哉！

樱桃布丁挞

Cherry clafoutis tart

又是一道法国经典甜品，也是我祖母的拿手好菜……或者应该说她经常做。她常常用一个铁制浅盘子来装这道甜品，但我现在用酥皮来装它，好让装盘更轻松。如果樱桃已经过季，也可以使用樱桃罐头。

6—8人份

准备时间 / 15分钟

制作时间 / 20分钟

1个鸡蛋

2个鸡蛋黄

2汤匙黄砂糖

2汤匙樱桃白兰地酒

200毫升高脂厚奶油

1茶匙香草精

1个经过盲焙的甜脆酥皮面团（见第3页），置于直径23厘米、深3厘米的烤模中

250克新鲜去核的樱桃，或樱桃罐头，沥干

---

1 将烤箱预热至150℃（风扇烤箱130℃）或燃气挡2。

2 将鸡蛋和蛋黄放入一只耐热大碗中。再加入黄砂糖和樱桃白兰地酒。将碗置于有微微沸腾的水的炖锅上方，确保碗底不碰到水，搅打碗内的食材，直到鸡蛋液变得均匀、非常蓬松——这需要10—15分钟。

3 在另一个炖锅中加热高脂厚奶油和香草精。之后，轻轻将热奶油拌入鸡蛋液，然后将碗从沸水上移开。

4 将装有酥皮的烤模放在烤箱的烤架上，往里头倒入奶油鸡蛋液。然后整齐地将樱桃铺在挞的顶部，小心地将挞推入烤箱烘烤15—20分钟，待馅料熟透，呈现金黄色即可。将挞留在烤模中晾凉，然后放入冰箱冷藏，直到准备开餐。我喜欢搭配经过香料腌制的樱桃（见第159页）来享用这道挞。

如果你使用的是樱桃罐头，务必将水完全沥干，这很重要。

日本柚子抹茶挞

Matcha and yuzu tart

这道用亚洲食材做的挞口感十分清爽。柚子那与众不同、令人愉悦的香味，跟绿茶的味道相得益彰。

8人份

制作时间 / 15分钟，冷却时间另计

制作时间 / 40分钟

65克黄糖霜

20克杏仁粉

15克抹茶（绿茶粉）

150克中筋面粉，另备面粉用于铺撒

65克无盐黄油，切碎

1个鸡蛋，稍微打散

柚子酱

200毫升日本柚子汁

2个青柠，磨碎外皮

200克黄砂糖

1汤匙玉米淀粉

4个鸡蛋

50克无盐黄油，切丁

点缀

草莓

红加仑小枝叶

糖粉

---

1 将黄糖霜、杏仁粉、抹茶、中筋面粉倒入碗中搅拌混合，用指尖将黄油揉入其中。加入鸡蛋，继续揉捏，直至酥皮面团均匀柔滑。将酥皮面团放入冰箱冷藏至少1小时。

2 将烤箱预热至180℃（风扇烤箱160℃）或燃气挡为4。为直径23厘米、深3厘米的烤模抹上黄油，撒上面粉。

3 在撒有薄薄一层面粉的桌面上擀开酥皮面团，将擀好的酥皮铺入烤模内（见第10页）。盖上烤纸，倒入烘豆，推入烤箱盲焙15分钟，然后移除烤纸和烘豆，再烤5分钟。将酥皮留在烤模中晾凉。

4 将用于制作柚子酱的所有食材放入一只耐热碗中搅拌混合。将碗置于一只装有略微沸腾的水的炖锅上方，确保碗不碰到水，持续搅打碗内的食材，直到柚子蛋液变得浓稠——这大概需要15分钟。将柚子蛋液通过细格筛子倒入另一只碗中，晾凉5分钟后填入烤好的酥皮烤模内。

5 用刮刀将挞的表面抹平，放入冰箱冷藏至少2小时。将挞端上桌前，在它的边缘撒上糖粉，用草莓和红加仑小枝叶点缀。这道浓香扑鼻的挞无须配其他菜一起吃。

日本柚子是柑橘属水果，有点像小型的西柚，你可以在超市找到它和抹茶。这两种食材开封后都需要密封冷藏。

粉红杏仁糖挞

'Praline rose' tart

这道挞是素有“美食之都”之称的法国里昂的特色甜品。它不仅有特殊的混搭口感，明亮的粉红色外表也很诱人。

6人份

准备时间 / 15分钟

制作时间 / 15分钟

275克粉红杏仁糖，另备75克用于点缀

225毫升稀奶油

25克黄糖霜

6个经过盲焙的甜脆酥皮面团（见第3页），每个置于直径10厘米的烤模中

粉红色的可食用闪片，用于装饰

---

1 用石杵或研钵将275克粉红杏仁糖研磨成细末。或者，将粉红杏仁糖装入塑料袋，用擀面杖敲碎。

2 将粉红杏仁糖粉倒入大炖锅中，加入稀奶油和黄糖霜后煮沸，搅拌，煮15分钟。将糖粉奶油均匀地倒入烤好的甜脆酥皮烤模中。晾凉，然后放入冰箱冷藏至少2小时。将剩下的粉红杏仁糖大致弄碎，装饰在挞的边缘。最后在挞上撒上少许粉红色可食用闪片。

3 搭配法式酸奶油，能很好地衬托出它的甘甜味道。

粉红杏仁糖是包裹了一层鲜艳粉红色硬糖的杏仁碎，源于法国的里昂地区，可以在法式熟食店、美食专营店或美食特产网店买到。

巧克力酥皮水果挞
Chocolate crumble tart

很有趣的是，我们总是觉得，酥皮水果挞不是浅白色就是金黄色。这次我打破陈规，用烤苹果和梨做了一道巧克力酥皮水果挞。巧克力的粉丝一定会爱上它！烘烤时飘出的香味实在是妙不可言。

8人份

准备时间 / 20分钟

制作时间 / 50分钟

2个苹果

2个梨子

25克无盐黄油

1汤匙黑朗姆酒

75克黑蔗糖

125克无盐黄油，软化

125克黄砂糖

50克可可粉

125克杏仁粉

3个鸡蛋

1个未经烘烤的巧克力酥皮面团（见第4页），置于直径23厘米、深3厘米的烤模中

糖粉和可可粉，用于点缀

糖面

100克中筋面粉

25克可可粉

50克浅色红糖

50克无盐黄油

1 将烤箱预热至160℃（风扇烤箱140℃）或燃气挡为3。

2 将苹果和梨子削皮去核，切丁。在煎锅中加热黄油至融化，加入水果丁、黑朗姆酒、黑蔗糖。中火加热，直至水果丁变色，但不至于太过软烂。水果丁出锅后，晾在一边。

3 将无盐黄油、黄砂糖、可可粉、杏仁粉搅打成奶油状。往里面逐次打入鸡蛋搅拌。用锅铲将搅拌好的巧克力杏仁奶油铺在未经烘烤的酥皮面团内，铺满一半烤模。在奶油上摆上熟苹果丁、梨丁。

4 接下来做糖面。用指尖将制作糖面的所有食材揉捏在一起，然后大量地撒在挞的顶部。将挞推入烤箱烘烤45—50分钟，待呈现金黄色即可。稍微晾一会儿，最后撒上糖粉和可可粉点缀，上桌。

制作这道甜品时，你可以用电动手持打发器来搅拌黄油、黄砂糖等食材。记住每次只打入1个鸡蛋，防止鸡蛋杏仁糊凝固。

火烧香蕉巧克力热挞
Warm flambéed banana and chocolate tart

有些食材搭配简直是天生一对，而这道甜品就是完美的范例——为香蕉浇上黑朗姆酒点燃，松脆的奶油味酥皮和浓郁的热巧克力软泥夹心让人欲罢不能。

8人份

准备时间 / 15分钟

制作时间 / 20分钟

100克无盐黄油
65克浅色红糖
75克无籽葡萄干
3根成熟的香蕉，切片
2汤匙柠檬汁
3汤匙黑朗姆酒
200克黑巧克力，切碎
65克黄砂糖
3个鸡蛋黄

---

1 1个经过盲焙的甜脆酥皮面团（见第3页），置于直径23厘米、深3厘米的烤模中。将一半黄油和浅色红糖倒入煎锅中，小火加热，时不时搅拌，直至甜黄油变得均匀、呈现金黄色。加入葡萄干、香蕉片、柠檬汁，加热至焦糖化。然后倒入黑朗姆酒，点燃（见第23页的小提示）。随后放一边晾凉。

2 同时，往碗内倒入黑巧克力和剩下的无盐黄油，将碗置于一只装有微微沸腾的水的炖锅上方，确保碗不碰到水，加热黑巧克力和无盐黄油至融化。

3 将烤箱预热至160℃（风扇烤箱140℃）或燃气挡为3。

4 将黄砂糖和鸡蛋黄倒入另一只碗中，搅拌至均匀、蓬松。用橡胶锅铲将蛋黄液轻轻拌入融化的黑巧克力中（确保巧克力温度不要太高）。将处理好的香蕉片和葡萄干铺满烤好的甜脆酥皮烤模。再将融化的黑巧克力铺在顶部。

5 将挞推入烤箱烘烤12—15分钟，待巧克力软泥夹心凝固，看起来类似果冻即可，趁热上桌。可搭配法式酸奶油。

朗姆酒香蕉派
Banana and rum pie

这道充满异域风味的派美味无比。蓬松的香草奶油装饰跟馅料之间形成了鲜明又美妙的对比。

8人份

准备时间 / 15分钟，冷却时间另计

制作时间 / 40分钟

100克无盐黄油
200克消化饼干，压碎
3根熟香蕉，切片
150克黑蔗糖
1茶匙肉桂粉
1茶匙现磨的肉豆蔻粉
2个鸡蛋
200毫升椰奶
3汤匙黑朗姆酒
350毫升鲜奶油
75克黄糖霜
2茶匙香草酱或香草精
40克黑巧克力，磨碎

❗

将消化饼干弄碎的最好方法是装入结实的塑料食品袋中，使用擀面杖用力打碎。

1 在中型炖锅中加热黄油至融化，加入消化饼干碎片，搅拌直至均匀裹上黄油。将黄油饼干碎倒入直径23厘米的浅烤盘或烤模中按压平整，内侧边缘也覆盖住。推入预热至180℃（风扇烤箱160℃）或燃气挡为4的烤箱中，烘烤10分钟，待飘出香味即可。

2 从烤箱中取出烤模，将烤箱温度下调至160℃（风扇烤箱140℃）或燃气挡为3。

3 将香蕉片铺在一张烹饪用锡箔上，撒上黑蔗糖、肉桂粉、肉豆蔻粉，翻动香蕉片，让香蕉片均匀裹上糖和香料。在香蕉片上盖上另一张锡箔，然后摆在烤盘中，推入烤箱烘烤15—20分钟，待香蕉片软烂即可。将烤盘从烤箱中取出，让烤箱继续开着。

4 往碗里打入鸡蛋，加入椰奶和黑朗姆酒，搅拌均匀。再倒入处理好的香蕉片，接着将蛋奶糊倒入酥皮烤模中，推入烤箱烘烤25—30分钟，待馅料变成果冻状即可。将派取出，留在烤模中晾凉。

5 将鲜奶油、黄糖霜、香草酱（或香草精）搅打在一起，直至湿性发泡。将奶油高高地堆在派的顶部，撒上大量黑巧克力碎。上桌前至少晾凉1小时。

木瓜菠萝挞

Papaya and roasted pineapple tart

看起来赏心悦目的木瓜菠萝挞是一道非常棒的夏日布丁，它能为你的午餐或晚餐餐桌带来一丝异域风情。创作灵感来自我最爱的英属维尔京群岛——内克岛。

8人份

准备时间 / 25分钟

制作时间 / 30分钟

2个皇后菠萝（或小菠萝）

2汤匙椰粉

100克浅色红糖

200克无盐黄油，软化

2汤匙黑朗姆酒

1个经过盲焙的甜脆酥皮面团（见第3页），置于直径23厘米、深3厘米的烤模中

1个青柠

2个木瓜，去皮去籽，切成厚片

现磨的肉豆蔻粉，用于铺撒

布丁馅

6个鸡蛋黄

100克黄砂糖

25克玉米淀粉

350毫升牛奶

1根香草豆荚，纵向切成两半

---

1 先做布丁馅。在大碗中将鸡蛋黄和黄砂糖打在一起，直至变成白色起泡蓬松状。再加入玉米淀粉，混合均匀。将牛奶和香草豆荚倒入大炖锅中煮沸。取出香草豆荚，将煮沸的牛奶浇在蛋黄液上，持续搅拌。将牛奶蛋黄液倒回炖锅中，小火加热搅拌，直至轻微沸腾。煮2分钟，然后从灶上移开晾凉。

2 菠萝去皮，切成大块，剔出菠萝核，留几片叶子稍后用来点缀。将菠萝块倒入1汤匙椰丝和浅色红糖中，持续翻动。将裹好糖衣和椰粉的菠萝块摆入烤盘，推入预热至180℃（风扇烤箱160℃）或燃气挡为4的烤箱中，烘烤25分钟，待烤熟，颜色呈金黄色即可。晾凉。

3 当布丁馅冷却下来后，往里拌入软化的黄油和黑朗姆酒。接着用刮刀或锅铲将布丁馅铺在烤好的甜脆酥皮烤模中。将青柠切成两半，用其中一半的切口处刷酥皮的边缘，然后将剩下的椰粉撒在抹上青柠汁的边缘——椰粉可以黏在上面。

4 用另一半青柠榨汁，将木瓜块放入榨好的青柠汁中翻动，然后将木瓜和菠萝块摆在挞的顶部。如果你愿意，可以用剩下的椰丝和几片菠萝叶稍作点缀。上桌前，我喜欢现磨少许肉豆蔻粉撒在挞上。

做布丁馅时务必不停地搅拌，让馅料保持细腻柔滑。

杏子藏红花派
Apricot and saffron pies

几个世纪以来，藏红花都是用于烘焙。这种价值不菲的奢侈香料的甜味跟新鲜爽口的杏子堪称绝配。

数量：6个

准备时间 / 20分钟，冷却时间另计

制作时间 / 1小时20分钟

黄油，用于涂抹

2汤匙中筋面粉，另备一些用于铺撒

1份甜脆酥皮面团（见第3页）

800克新鲜杏子，切成两半

半茶匙肉桂粉

4—6缕藏红花

2茶匙香草糊或香草精

200克浅色红糖

1个鸡蛋，打成鸡蛋液

1汤匙黄砂糖

请使用高纯度的香草精或香草糊，两者都含有真正天然的香草成分。不要用纯度较低的香草味素，里面不含真正的香草成分。

1 给6个直径10厘米、深4厘米的可脱底蛋糕模抹上黄油，撒上面粉。在撒上薄薄一层面粉的桌面上将甜脆酥皮面团擀成2—3毫米厚的酥皮。将酥皮铺在烤模中（见第10页），将多出来的酥皮碎片留下来。将酥皮烤模放入冰箱冷藏20分钟。

2 将杏子、中筋面粉、肉桂粉、藏红花、香草糊（或香草精）和浅色红糖倒入大炖锅中。中火加热10分钟，待酱汁变得柔滑，杏子依旧结实即可。

3 将锅内食材通过筛子倒入碗中，将煮杏子的汁收集起来。将杏子摆在酥皮烤模中。

4 将烤箱预热至180℃（风扇烤箱160℃）或燃气挡为4。

5 将预留的多余酥皮碎片擀开，沿着蛋糕烤模的边缘切出圆形酥皮，做成派的盖子。在酥皮烤模的边缘顶部刷上鸡蛋液。盖上酥皮盖，捏合酥皮的边缘，将馅料封闭起来。在顶部刷上剩下的鸡蛋液，撒上黄砂糖。

6 剪下6张方形防油纸，卷成圆锥状。在每个派的顶部插上一个纸锥，做成让蒸汽可以散发的漏斗。然后将派推入烤箱烘烤25—30分钟，待呈现金黄色即可。搭配浇上杏子汁的法式酸奶油享用。

传统苹果派
Old-fashioned apple pie

有时候，传统的才是最好的。在萧瑟寒冷的深秋，没什么比一份搭配热蛋奶冻的苹果派更暖心。

8人份

准备时间 / 25分钟

制作时间 / 50分钟

1分甜脆酥皮（见第3页）

8个青苹果，削皮去核，切成四瓣

2个柠檬，磨碎外皮，榨汁

175克浅色红糖

1汤匙中筋面粉，另备面粉用于铺撒

2茶匙肉桂粉

50克微咸黄油，切丁，另备一些用于涂抹

1个鸡蛋，打成鸡蛋液

要想将酥皮面团分成三分之一和三分之二的两份，可大致揉捏成比较平整的方块或长方体，这样会比较容易将它三等分。

1 将烤箱预热至180℃（风扇烤箱160℃）或燃气挡为4。给直径25厘米的浅烤模抹上黄油，撒上面粉。

2 将甜脆酥皮面团分成两份，一份大约占总比重的三分之一，另一份大约三分之二。将较大的一份放在撒有薄薄一层面粉的桌面上，擀成5毫米厚的酥皮，然后将酥皮铺在烤模中，让2—3厘米的酥皮边悬在烤模外面。

3 将苹果放入大碗中。往碗内加入柠檬皮碎、柠檬汁、浅色红糖、中筋面粉、肉桂粉。用手指翻动、搅拌所有食材，直到苹果均匀地裹上了一层粉末。将苹果面糊倒在铺好酥皮的烤模中，撒上黄油丁。

4 将剩下的一份酥皮面团擀开，面积要比烤模稍大，做出酥皮盖。给酥皮盖的边缘和烤模里酥皮的边缘刷上一些鸡蛋液。

5 将酥皮盖盖在苹果顶部，用擀面杖在烤模边缘滚动，去掉多出的酥皮边。用指头将黏合的酥皮边捏成好看的形状。用切割器或尖刀将多出的酥皮切成心形（或其他形状）的碎片，抹上一点鸡蛋液，黏在派的表面。最后，在派的表面刷上大量剩下的鸡蛋液。记得在中间戳个小洞，好让蒸汽散发出来。

6 推入烤箱烘烤50—60分钟，待酥皮呈现金黄色，果汁开始渗出表皮即可。搭配热乎乎的自制英式奶油酱（见第161页）享用。

碧根派
Pecan pie

这道拥有纯正美国南方风味的派是我的最爱，也是经典中的经典。我的美国朋友阿特·史密斯主厨将他的秘诀传授给我，现在我的朋友都对这道派吃上瘾了。

8人份

准备时间 / 10分钟

制作时间 / 55分钟

40克无盐黄油，另备一些用于涂抹

1份甜脆酥皮面团（见第3页）

中筋面粉，用于铺撒

200克切碎的碧根果

100克碧根果，切成两半

60克纯黑巧克力，切碎

3个鸡蛋

250克浅色红糖

150毫升枫糖

2茶匙香草精

2茶匙波旁威士忌（可选）

在烤箱里烤坚果的时候看着点，别走开，它们很容易烤焦的。

1 将烤箱预热至180℃（风扇烤箱160℃）或燃气挡为4。为直径23厘米的浅烤模抹上黄油。在撒有薄薄一层面粉的桌面上将酥皮擀开，将擀好的酥皮铺在烤模中（见第10页）。

2 将所有碧根果分别放入两个烤盘，推入烤箱烘烤5分钟左右，待果肉呈现金黄色，飘出香味即可。

3 将纯黑巧克力和无盐黄油倒入碗中，将碗置于一只装有略微沸腾的水的炖锅上方，隔水加热黑巧克力、无盐黄油至融化。

4 在另一只大碗中打入鸡蛋，加入浅色红糖、枫糖、香草精、波旁威士忌（可选），然后将融化的黑巧克力和黄油倒入，搅拌混合。

5 将碧根果碎倒入铺好酥皮的烤模内，浇上枫糖巧克力酱，然后将切成两半的碧根果一圈圈地摆在顶部。

6 将派推入烤箱烘烤50分钟，待派的外皮呈现金黄色，馅料熟透凝固即可。趁热上桌，搭配一大勺香草冰淇淋享用。

绝顶南瓜派
The BEST pumpkin pie

第一次在洛杉矶参加我的好友保罗和劳瑞的感恩节派对的时候，我发现了这道南瓜派。过去我一直都以为南瓜只能用来做咸味菜肴，真是大错特错啊！在那之后，我就学会了做这道派，并在店里出售。我的客人都十分喜欢这道派。

8人份

准备时间 / 15分钟

制作时间 / 55分钟，处理南瓜另需40分钟

1千克烤南瓜（或1千克罐头南瓜泥）

黄油，用于涂抹

400克甜脆酥皮面团（见第3页）

中筋面粉，用于铺撒

400克罐头炼乳

3个鸡蛋

1茶匙肉桂粉

1茶匙肉豆蔻粉

黄糖霜，用于铺撒

---

1 你可以买到罐装南瓜泥，但我宁愿多花点时间自己做。首先，将南瓜切成楔形大块，去籽，将南瓜块放在烤盘内，推入预热至180℃（风扇烤箱160℃）或燃气挡为4的烤箱中烘烤40分钟，待南瓜块变软变嫩。将软软的南瓜肉舀到筛子里，用勺子按压，将南瓜泥挤到碗中——这样做出来的味道无与伦比。

2 将烤箱预热至160℃（风扇烤箱140℃）或燃气挡为3。为长30厘米、宽20厘米、深5厘米的烤模抹上黄油。将酥皮放在撒有薄薄一层面粉的桌面上擀开，擀成薄面皮，铺在烤模中（见第10页）。

3 在碗中将所有食材搅拌混合，直至馅料变得细腻柔滑。将馅料倒入酥皮烤模中，推入烤箱烘烤50—55分钟，待派成型，中间仍旧稍微呈果冻状即可。将派留在烤模中晾凉。

4 在派的顶部撒上大量黄糖霜和碧根果焦糖，搭配鲜奶油享用。

如果没时间亲手做南瓜泥，可以用罐装南瓜泥代替，这可以在大多数超市买到。

蓝莓派
Blueberry pie

我经常去美国旅行，也是美式烘焙的忠实粉丝。那儿的面包店或农贸市场里摆满了美丽可口的派。蓝莓派是一道经典甜品，希望我做的能和大洋对岸的相媲美，最好是能更胜一筹。

8人份
准备时间 / 15分钟
制作时间 / 40分钟

黄油，用于涂抹
1千克蓝莓
200克黄砂糖
3汤匙玉米淀粉
2汤匙蓝莓利口酒（可选）
750克甜脆酥皮（见第3页）
中筋面粉，用于铺撒
1个鸡蛋，打成鸡蛋液

---

1 将烤箱预热至160℃（风扇烤箱140℃）或燃气挡为3。为长26厘米、宽20厘米、深4厘米的烤模或耐热盘抹上黄油。

2 将蓝莓和黄砂糖倒入大炖锅中，小火加热，直到蓝莓开始变软。取出2汤匙果汁，倒入小碗中和玉米淀粉混合后倒入炖锅中，跟蓝莓搅拌在一起，继续小火加热，直至蓝莓面糊变得像糖浆一样黏稠。倒入蓝莓利口酒（如果有）搅拌，然后将锅从灶上移开，晾凉。

3 在撒有薄薄一层面粉的桌面上擀开三分之二的甜脆酥皮面团，将擀好的酥皮铺入烤模内（见第10页）。将蓝莓糖浆倒满酥皮面团。将剩下的面团擀开，做成酥皮盖。给酥皮壳和酥皮盖的边缘刷上一些鸡蛋液。给派盖上酥皮盖，将边缘结合部位捏紧。用刀将多余的酥皮划出来。在派的顶部刷上大量的鸡蛋液，然后戳几个洞，便于蒸汽散发。

4 将派推入烤箱烘烤35分钟，待酥皮呈现金黄色，香甜的果汁开始渗出即可。将派留在烤模中晾凉。可搭配大量用少许香草精调味的鲜奶油享用。

!

加入玉米淀粉能有效地使烩水果变浓稠。将一点果汁和2汤匙玉米淀粉倒入小碗中搅拌混合，再倒入水果中搅拌即可。

异域蛋白酥水果派
Exotic fruit meringue pie

这道造型独特的派味道也相当不错。在蓬松的棉花糖蛋白酥底下，你就会发现那蕴含着异域风情的美味水果了。

8人份

准备时间 / 15分钟，冷却时间另计

制作时间 / 5分钟

30克玉米淀粉

30克中筋面粉

250克黄砂糖

150毫升青柠汁

150毫升西番莲汁

150毫升 果泥

2茶匙香草酱或香草精

4个鸡蛋，蛋清、蛋黄分离

40克无盐黄油

1个经过盲焙的甜脆酥皮面团（见第3页），置于直径23厘米、深3厘米的烤模中

1茶匙玉米淀粉

---

1 将中筋面粉、玉米淀粉、黄砂糖倒入炖锅中，再加入青柠汁、西番莲汁、杧果泥、香草酱（或香草精）搅拌均匀。然后加入蛋黄，中火加热几分钟，持续搅拌，直到面糊变得浓稠。将锅子从灶上移开，往锅内拌入无盐黄油。

2 晾10—15分钟，然后将面糊倒入烤好的酥皮面团烤模中。放入冰箱冷藏至少1小时。

3 将蛋清倒入一只干净干燥的大碗中。使用电动打发器将蛋清搅打到干性发泡，轮流加入黄砂糖、玉米淀粉，每次加一点点。将打好的蛋白酥高高地堆在派上，用刮刀或平刃刀将蛋白酥做成旋涡和尖顶的形状。用厨用喷灯将蛋白酥烧成褐色，或让派在热烤炉最底下的那层再烘烤1—2分钟。

使用厨用喷灯能方便有效地将蛋白酥烧成褐色，还可以使甜品焦糖化，比如焦糖布丁。

花生酱巧克力派

Peanut butter and chocolate pie

平时作为一道佐酱料，花生酱都已经让人欲罢不能了。在这道派里，它变身主食材，那就更加让人无法自拔。再加上这道酥松的派里含有的大量香浓巧克力碎，令它的口味更上一层楼。

8人份

准备时间 / 15分钟，另加一晚的冷却时间

制作时间 / 5分钟

200克奶油干酪

100克黄糖霜，过筛

150克含有花生碎的花生酱

250毫升鲜奶油

1茶匙香草糊或香草精

100克黑巧克力碎块或碎粒，另备一些用于装饰

1个经过盲焙的巧克力油酥皮面团（见第4页），置于直径23厘米、深3厘米的烤模中

稀奶油，用于搭配食用

装饰配料

75毫升高脂厚奶油

75克黑巧克力，粗略切碎

15克无盐黄油

50克蜂蜜烤花生，切碎

1 将奶油干酪和黄糖霜倒入大碗中搅拌混合，加入花生酱继续搅打。

2 将鲜奶油搅拌至湿性发泡，再加入香草糊（或香草精）、巧克力碎块（脆片）搅拌，接着倒入花生酱奶油中搅拌均匀，随后倒入烤好的酥皮面团烤模中，放入冰箱冷藏一晚。

3 接下来制作装饰。将黑巧克力放入碗中，将碗置于一只装有微微沸腾的热水的炖锅上方，隔水加热黑巧克力至融化。往小炖锅中倒入高脂厚奶油，再将融化的黑巧克力倒入，搅拌，直到巧克力奶油变得丝滑细腻。将黄油切丁，加入到巧克力奶油中继续搅拌，直到混合均匀。晾凉片刻。

4 将黑巧克力奶油倒到冷藏好的派上，撒上少许蜂蜜烤花生。待派冷却后上桌，搭配稀奶油和磨碎的黑巧克力粉享用。

这种黑巧克力奶油可以用来装饰各种各样的甜品，效果很棒。

洋梨糖姜杏仁派
Pear and ginger frangipane pie

布达鲁耶洋梨塔是一道非常棒的法国经典甜品，在这里我试着以这道甜品的基本食材为基础，将它改造成了一道美味好吃的派，同时还加入了我最爱的食材——子姜。

8人份

准备时间 / 20分钟

制作时间 / 1小时5分钟

200毫升水

1根香草豆荚，纵向切成两半

300克黄砂糖

4个大洋梨，削皮去核，切成四瓣

300克无盐黄油，软化，另备一些用于涂抹

300克杏仁粉

5个鸡蛋

半茶匙杏仁精

100克子姜，粗略切碎

1份甜脆酥皮面团（见第3页）

中筋面粉，用于铺撒

250克现成或自制千层酥皮（见第8—9页）

---

1 在小平底锅中将水煮沸。加入香草豆荚和50克黄砂糖。将火关小，加入洋梨，煮10分钟，待洋梨变软。将锅子从灶上移开，放在一边。

2 将烤箱预热至180℃（风扇烤箱160℃）或燃气挡为4。将长轴30厘米、短轴20厘米、深5厘米的椭圆烤模或耐热盘抹上黄油。

3 在大碗中倒入无盐黄油、剩下的黄砂糖、杏仁粉，搅打至杏仁糊变白、变蓬松。然后逐次打入4个鸡蛋，每次打1个。加入杏仁精和子姜。在另一个小碗中打入剩下的鸡蛋，搅拌成鸡蛋液，放在一边。

4 在撒有薄薄一层面粉的桌面上擀开甜脆酥皮面团，将擀好的酥皮铺入烤模（见第10页）。给酥皮的边缘刷上打好的鸡蛋液。将杏仁奶油铺在酥皮壳中，再将沥干的洋梨压入其中，切口的一面向下，均匀地盖住派。

5 擀开千层酥皮面团，直至酥皮的大小足够盖住派。用塑胶拉网刀将酥皮切成网状，将酥皮盖在派上，捏紧酥皮边缘。用刀将多余的酥皮剔除，在酥皮顶部刷上鸡蛋液。

6 将派推入烤箱烘烤50—55分钟，待派呈现金黄色，顶部隆起即可。趁热上桌，搭配美味香草冰淇淋享用。

苹果卷派

Apple strudel pies

这是我用传统奥地利酥皮面团做的一道甜派，可以作为单个的小甜品享用。

6人份

准备时间 / 15分钟

制作时间 / 40分钟

6个青苹果，去皮，磨成浆

300克黑蔗糖

2茶匙肉桂粉

1个柠檬，取皮切碎，果肉榨汁

2汤匙苹果白兰地或白兰地

125克无籽葡萄干

100克无盐黄油，融化

9张薄酥皮

2汤匙黄糖霜

1 将烤箱预热至180℃（风扇烤箱160℃）或燃气挡为4。

2 将苹果浆、黑蔗糖、肉桂粉、柠檬皮碎、柠檬汁、苹果白兰地（或白兰地）倒入炖锅中，中小火加热5分钟，待黑蔗糖溶化。拌入无籽葡萄干，然后将锅子从灶上移开，放在一边。

3 把6个300毫升或直径10厘米、深3厘米的烤模抹上黄油。给6张薄酥皮刷上融化的黄油再对折，让厚度加倍。将对折后的酥皮铺在每一个烤模中，让酥皮边缘悬在烤模外。将苹果馅料倒入每个烤模。将悬在烤模外的酥皮折回，盖住苹果馅料。

4 给剩下的3张薄酥皮抹上黄油，将每张酥皮切成两半，然后揉成皱皱的一团，摆在每个派的顶部。

5 将派推入烤箱烘烤30分钟，待酥皮变得松脆，呈现金黄色即可。取出后，在顶上撒上大量的黄糖霜，再推回烤箱烘烤5分钟，待糖粉烤成焦糖色即可。趁热上桌，搭配浅色焦糖酱享用。

快速做好焦糖酱的方法：将200克黄砂糖倒入厚底锅，大火加热直到糖的颜色转为深金黄色。将锅子从灶上移开，往里倒入50克无盐黄油，搅拌。再次加热，慢慢地倒入200毫升温热的高脂厚奶油搅拌均匀，糖浆变浓稠。将糖浆通过金属筛倒入碗中，滤去可能没有完全溶化的糖，趁热上桌。

覆盆子奶酪蛋糕派
Raspberry cheesecake pie

现在，源于法国东部地区的传统甜奶酪派已经变得很受欢迎了。甜奶酪派一般由奶酪蛋糕和甜酥皮制作而成。我在这份食谱中加入了新鲜的覆盆子，让它瞬间变身为完美甜品。

9人份

准备时间 / 15分钟，冷却和晾凉时间另计

制作时间 / 1小时

2汤匙覆盆子酱

1个经过盲焙的甜脆酥皮面团（见第3页），置于直径20厘米、深6厘米的烤模或耐热盘内

750克全脂奶油干酪

100毫升高脂厚奶油

4个大鸡蛋，打成鸡蛋液

200克浅色红糖

2茶匙香草酱或香草精

1汤匙樱桃白兰地

1个柠檬，取皮切碎

3汤匙中筋面粉

1汤匙玉米淀粉

150克新鲜覆盆子

---

1 将烤箱预热至160℃（风扇烤箱140℃）或燃气挡为3。

2 将覆盆子酱铺在烤好的酥皮烤模的底座上。将全脂奶油干酪和高脂厚奶油放入大碗中，往碗内加入鸡蛋液搅打，然后依次加入浅色红糖、香草酱（或香草精）、樱桃白兰地、柠檬皮碎。随后加入中筋面粉和玉米淀粉，搅拌均匀，将鸡蛋奶油糊倒在酥皮面团烤模的覆盆子酱上。最后，将新鲜覆盆子摆在馅料顶部，轻轻按下去一些。

3 将派推入烤箱烘烤1小时后，关掉烤箱，将烤箱门打开一半，让派待在烤箱中晾凉。随后再放入冰箱冷却至少一个小时，待派凝固成型后取出上桌。搭配法式酸奶油享用。

缓慢地加热奶酪蛋糕馅，并让它待在烤箱内晾凉，可以避免派的顶部出现裂缝。

南方风味巧克力软泥派
Southern chocolate mud pie

这是道令人回味无穷的派，我敢说它一定会成为热爱巧克力的你的新宠！巧克力酥皮与柔滑香浓的巧克力馅的组合将让你无法抵抗它的魅力。

10人份

准备时间 / 15分钟，冷却时间另计

制作时间 / 55分钟

200克黑巧克力，粗略切碎

175克无盐黄油，软化

350克黑蔗糖

4个大鸡蛋，打成鸡蛋液

4汤匙纯可可粉

400毫升高脂厚奶油

2茶匙巧克力精（可选）

1个经过盲焙的巧克力油酥皮面团（见第4页），置于直径25厘米、深6厘米的烤模或耐热盘中

500毫升鲜奶油

3茶匙香草糖

2茶匙磨成细末的黑巧克力

---

1 将黑巧克力碎放入碗中，将碗置于一只装有微微沸腾的水的炖锅上方，隔水加热融化黑巧克力后，晾置一边。

2 将烤箱预热至160℃（风扇烤箱140℃）或燃气挡为3。

3 用电动打发器或立式搅拌机将无盐黄油和黑蔗糖搅拌蓬松。一次往里打入1个鸡蛋，低速搅拌。将可可粉筛入鸡蛋液中，再倒入冷却的黑巧克力酱进行搅拌。最后拌入高脂厚奶油和巧克力精（如果有）。

4 将馅料倒入烤好的巧克力油酥皮面团烤模中，推入烤箱烘烤45—50分钟，待馅料基本凝固即可。晾凉，然后放入冰箱冷藏。

5 冷却1小时后上桌。随后，将鲜奶油和香草糖搅打至湿性发泡。将打好的奶油抹在派的顶部，撒上一些磨好的黑巧克力粉，就可以开始享用啦！

百果派
Mince pies

节日里，如果没有百果派撑场可不行，这是我全心全意推荐的传统甜点——我实在太爱它了！在这里我还为这道甜品加入了一点点欧洲风味……

6人份

准备时间 / 30分钟，腌制时间另计

制作时间 / 20分钟

百果馅

250克无籽葡萄干

250克糖渍樱桃，切成两半

250克葡萄干

100克杂果

125克无盐黄油

1茶匙肉桂粉

1茶匙肉豆蔻粉

1茶匙混合香料粉

1个橙子，切碎外皮

1个柠檬，切碎外皮

250克黑蔗糖

250毫升杏仁利口酒

派

黄油，用于涂抹

1份甜脆酥皮面团（见第3页）

中筋面粉，用于铺撒

250克现成或自制千层酥皮面团（见第8—9页）

15克浅色红糖

你也可以用2个12格子蛋糕模来做24个这样的小派——这样可将烘烤时间减少至20—25分钟，或者烤到酥皮呈现金黄色即可。

1 做派之前，你最好提前几个星期做好百果馅，让馅料里的食材的味道互相吸收，变得更加浓郁可口，相信我——你花的时间是值得的。

2 将所有的果脯和香料放入大碗中，全部搅拌均匀。将切碎的橙子皮和柠檬皮、黑蔗糖、杏仁利口酒倒入小炖锅中，小火加热直至红糖溶化——别煮沸。将溶化好的糖浆倒入香料果脯中，轻轻搅拌，别把果脯弄碎了。给碗盖上一层保鲜膜，放置48小时，让食材入味。将百果馅填入无菌玻璃罐中密封。将玻璃罐置于阴凉处两星期，让味道变得更加浓郁。

3 当你可以开始做百果派的时候，先将烤箱预热至180℃（风扇烤箱160℃）或燃气挡为4。为6个直径10厘米、可脱底的烤模刷上黄油。

4 将甜脆酥皮面团放在撒有薄薄一层面粉的桌面上擀成薄酥皮，并铺入烤模内（见第10页）。然后在酥皮面团烤模中填满百果馅（大约会用到500克的百果馅）。

5 将千层酥皮面团放在撒有薄薄一层面粉的桌面上擀成薄酥皮，在表面刷上鸡蛋液。用一个五角星模具从酥皮上压下6个五角星，或者你喜爱的任意形状，摆在馅料顶部，盖住馅饼。最后在上面撒上一些浅色红糖。

6 将派推入烤箱烘烤25—30分钟，待酥皮呈现金黄色，五角星全部隆起即可。趁热上桌，可搭配淋上了杏仁利口酒、撒上烤杏仁片的法式酸奶油一起享用……味道棒极了！

杏子开心果国王派
Apricot and pistachio pithivier pie

小时候，我们每年一月都会吃传统的国王饼来庆祝“主显节”。但我这次介绍的这道派却是一年四季都可以吃的，还加入了甜甜的杏子和开心果奶油。

8人份

准备时间 / 25分钟，冷却时间另计

制作时间 / 25分钟

100克无盐黄油，软化

150克黄砂糖

1个大鸡蛋

100克开心果粉

1汤匙中筋面粉，另备一些用于铺撒

1汤匙樱桃白兰地

750克现成或自制千层酥皮面团（见第8—9页）

2个鸡蛋黄，打成蛋黄液

250克罐装泡在糖浆里的切成两半的杏子，沥干

糖浆

75克黄砂糖

75毫升水

给酥皮边缘刷上蛋黄液是非常关键的一步——酥皮必须被紧紧地压合起来，馅料才不会跑出来。

1 将无盐黄油和黄砂糖搅打在一起，直至黄油变成轻盈蓬松的奶油状。接着打入鸡蛋，拌入开心果粉、中筋面粉和樱桃白兰地。

2 将千层酥皮面团平均分成两半，将两个面团放在撒有薄薄一层面粉的桌面上分别擀成5毫米厚的酥皮。从一张酥皮中切下直径24厘米的圆形酥皮，从另一张切下直径26厘米的圆形酥皮。将较小的圆形酥皮摆在烤板上，给边缘刷上一些蛋黄液。随后将开心果奶油铺在中央，并给酥皮留出2厘米宽的边缘。

3 将杏子再切成两半，摆在开心果奶油上。在馅料上盖上较大的圆形酥皮，按压、捏紧酥皮边缘。用食指和中指将酥皮边按压出小坑，然后用刀在小坑之间切出小口，做出圆齿形的边缘。给派刷满剩下的蛋黄液。最后，用尖刀在派的顶部酥皮上划出曲线花纹后，放入冰箱冷藏至少1小时。

4 当一切就绪，将国王派推入预热至200℃（风扇烤箱180℃）或燃气挡为6的烤箱内，烘烤25—30分钟，待酥皮隆起，呈现金黄色即可。

5 同时，将水和黄砂糖放在一起煮5分钟，做成糖浆。派一出炉便刷上糖浆，冷却后形成一层漂亮的外壳，这样，派就做好了。

杏子开心果国王派 详细步骤

1 将千层酥皮面团分成两半，分别擀成薄酥皮。

2 从一张酥皮中切下直径24厘米的圆形酥皮，另一张则切下26厘米的圆形酥皮。

3 将较小的圆形酥皮摆在抹上黄油的烤板上，给边缘刷上蛋黄液。

4 将无盐黄油和黄砂糖打成奶油状，打入鸡蛋，搅拌混合。

5 拌入开心果粉、中筋面粉、樱桃白兰地。

6 将开心果奶油铺在酥皮中央。

7 将杏子摆在开心果奶油上。

8 给馅料盖上较大的酥皮圆盘。

9 在酥皮边缘按出小坑，刷上蛋黄液，用尖刀在顶部划出曲线花纹。烘烤前要先放入冰箱内冷却。

焦糖血橙派
Caramelized blood orange pie

血橙的季节一到，我就特别开心。它们不仅味道跟普通的橙子不同，颜色更是神奇，对于制作外观诱人的甜品来说，它就是不可多得的好食材。这道派特别适合在庆祝宴会快结束时享用……当然，如果血橙过季了，你也可以使用普通的橙子。

8人份

准备时间 / 15分钟，冷却时间另计

制作时间 / 15分钟

75克玉米淀粉

2个橙子，切碎外皮

500毫升新鲜血橙汁

250克黄砂糖

4个鸡蛋黄

1个经过盲焙的甜脆酥皮面团（见第3页），置于直径23厘米、深6厘米的烤模或耐热盘内

2汤匙经过过滤的杏子酱，用于裹糖衣

焦糖橙片

75克黄砂糖

75毫升水

3个血橙，切成厚片

---

1 将玉米淀粉和橙子皮碎倒入大碗中，加入血橙汁搅拌。在另一个碗内倒入黄砂糖和鸡蛋黄，搅打至变白、蓬松。将玉米淀粉橙汁也倒入其中搅拌。接着将鸡蛋橙汁倒入一只厚底锅内，中火边搅拌边煮2分钟，直到液体变得相当浓稠。倒入烤好的甜脆酥皮烤模中，晾凉，然后放入冰箱冷藏1小时，让派凝固。

2 同时，制作焦糖橙片。将烤箱预热至180℃（风扇烤箱160℃）或燃气挡为4。将黄砂糖和水倒入大炖锅中，加热煮沸，搅拌直至糖溶化。加入血橙片，继续煮12—15分钟，时不时给血橙片翻面，直到变软、果皮趋于透明。

3 将煮好的血橙片摆在一张硅胶烤垫或铺上锡箔的烤盘上，推入烤箱烘烤10分钟左右，待血橙片表面被烤成焦糖色、但本身红宝石般的色泽仍未变即可。取出晾凉，摆在派的顶部，再淋上过滤好的杏子酱，这样看起来就像给派裹一层糖衣。

血橙的季节非常短——从圣诞节到翌年二月初——如果你想用血橙做这道派，记得留意一下季节。

榛子面包黄油布丁派
Hazelnut bread and butter pudding pie

这道派是完美的冬日暖身甜点，让人一吃就停不下嘴。偶尔我也会随心所欲地往里头加黑巧克力碎……简直好吃到停不下来！

8人份

准备时间 / 15分钟，浸泡时间另计

制作时间 / 52分钟

黄油，用于涂抹

250克巧克力油酥皮面团（见第4页）

中筋面粉，用于铺撒

6个鸡蛋，粗略打散

1个奶油面包

200克巧克力和榛子碎

300毫升牛奶

300毫升高脂厚奶油

75克烤榛子，切碎

100克黑巧克力碎（可选）

50克黄砂糖

---

1 给长轴26厘米、短轴20厘米、深4厘米的椭圆烤模或耐热盘抹上黄油。在撒有薄薄一层面粉的桌面上擀开巧克力油酥皮面团，将擀好的酥皮铺入烤模内（见第10页）。给酥皮面团盖上烤纸，倒入烘豆，推入预热至180℃（风扇烤箱160℃）或燃气挡为4的烤箱中烘烤15分钟。

2 取出后移除烤纸和烘豆，将少量鸡蛋液刷在酥皮面团内部。推回烤箱再烤2分钟，鸡蛋液能使酥皮封闭起来。

3 将奶油面包切成厚片，在每片面包上铺上巧克力和榛子碎。在鸡蛋液中加入牛奶和高脂厚奶油，搅拌。将面包片、榛子碎、黑巧克力片（如果有）一层层地摆入酥皮面团烤模里。倒入蛋奶糊，直到填满整个酥皮面团烤模。让所有食材在一起浸泡10分钟。如果有需要，倒入所有剩下的鸡蛋液将酥皮烤模装满。

4 在派的顶部撒上黄砂糖，这样在烘烤的过程中能形成一层糖衣。将派推入烤箱烘烤35—40分钟，待呈现金黄色即可。取出晾凉10分钟，可搭配英式奶油酱（见第161页）。

给经过盲焙的酥皮壳刷上一层鸡蛋液，能使酥皮更加容易闭合起来，与馅料隔开，防止酥皮面团吸了馅料的水分，变潮湿。

杧果青胡椒派

Mango and green peppercorn pie

这虽然是不同寻常的组合，但是请相信我——味道非常棒，它既美味又提神，让你神清气爽。注意要买还没有完全熟透的杧果，否则烘烤时杧果会变得过于软烂。

8人份

准备时间 / 15分钟

制作时间 / 35分钟

250毫升牛奶

1茶匙香草精

3个鸡蛋黄

75克黄砂糖

25克玉米淀粉

3个大 果，切丁

1汤匙浸在盐水中的青胡椒粒，沥干

1个鸡蛋，打成鸡蛋液

250克现成或自制千层酥皮面团（见第8—9页）

中筋面粉，用于铺撒

---

1 将烤箱预热至200℃（风扇烤箱180℃）或燃气挡为6。为直径25厘米的浅烤模抹上黄油。将牛奶和香草精倒入炖锅中，煮沸。

2 在一只碗中倒入鸡蛋黄、黄砂糖、玉米淀粉，搅拌，再往里加入一点热牛奶，搅拌混合。随后，倒入煮热牛奶的炖锅中，再次慢慢煮沸，持续搅拌。煮2分钟，继续搅拌，直到变浓稠。稍微晾凉后，倒入烤模中。

3 将杧果丁和青胡椒粒混合搅拌后，摆在蛋奶糊的顶部。给烤模的边缘刷上一些鸡蛋液。

4 在撒有薄薄一层面粉的桌面上擀开千层酥皮面团，直到酥皮跟烤模的大小相同。用拉网刀在酥皮上切出网格，或将酥皮切成条状，摆成格子状排在杧果丁顶部。最后，将酥皮边缘捏紧，再刷上剩下的鸡蛋液。

5 将派推入烤箱烘烤30分钟，直至酥皮隆起，呈现金黄色即可。趁热上桌，单独享用就很够味。

快速烘焙甜点
Quick Sweet Bakes

用现成酥皮制作的甜点

肉桂棒
Cinnamon stick

4人份

1 将3汤匙黄砂糖和2茶匙肉桂粉混合在一起。给一张擀好的酥皮刷上鸡蛋液，撒上肉桂粉、黄砂糖。

2 将酥皮切成1厘米宽的面条，接着扭成麻花状，摆在不粘烤板上，推入预热至180℃（风扇烤箱160℃）或燃气挡为4的烤箱中，烘烤7—8分钟，待肉桂棒变得松脆，呈现金黄色即可。它是饭后甜点的绝佳选择。

香蕉巧克力泡芙
Banana and chocolate puffs

4人份

1 将一张现成的千层酥皮摊开，切成4个方块，摆在不粘烤板上，每个方块的边缘刷上鸡蛋液。将1汤匙巧克力酱抹在方块的中心，把半个香蕉切片，摆在方块的一边，给其他方块也同样地抹上巧克力酱，摆上香蕉片。

2 将方块的另一半折叠，盖住香蕉片，形成一个三角形，边缘捏紧。给酥皮刷上鸡蛋液，用刀在顶部划上几道花纹，再给每一个三角撒上少许黄砂糖。将泡芙推入预热至180℃（风扇烤箱160℃）或燃气挡为4的烤箱中，烘烤10—15分钟，待酥皮隆起，呈现金黄色即可。趁热上桌，搭配几大勺香草冰淇淋享用。

石板街糕饼
Rocky road pastries

12人份

1 将一张现成的千层酥皮放在不粘烤板上。在上边摆上150克巧克力碎块、125克捏碎的奥利奥饼干、125克迷你棉花糖、50克粗略切碎的碧根果。

2 将糕饼推入预热至180℃（风扇烤箱160℃）或燃气挡为4的烤箱，烘烤20—25分钟，待酥皮烤好即可。取出让糕饼晾凉，分切成块与大家分享。

温斯利代奶酪苹果挞
Apple and Wensleydale tarts

4人份

1 在一张现成的千层酥皮上切下4张大的圆形酥皮，摆在2张不粘烤板上。用尖刀在每张圆形酥皮的边缘划出1厘米宽的边缘。在边缘内，用叉子给酥皮戳几个洞，然后给边缘刷上鸡蛋液。将25克捏碎的温斯利代奶酪撒在每张圆形酥皮的中央。

2 将苹果削皮去核，切成薄片后摆在奶酪上方，刷上融化的黄油。将挞推入预热至180℃（风扇烤箱160℃）或燃气挡为4的烤箱，烘烤10分钟，然后给挞刷上大量的杏子酱，令苹果裹一层糖衣。重新推入烤箱烘烤5分钟，让糖衣稍微烤成焦糖色。搭配几大勺香草或太妃冰淇淋，或一块奶油冻享用。

苹果红莓杏仁圈
Apple and cranberry frangipane ring

4人份

1 将一小罐苹果沙司铺在一张现成的千层酥皮上。再撒上125克红莓干、75克磨碎的杏仁膏。将酥皮卷成瑞士卷，摆在一张大的不粘烤板上。给酥皮卷刷上鸡蛋液，撒上1汤匙黄砂糖。

2 接着，在酥皮上划上几道深深的刀痕，将酥皮卷的两端接起，变成一个封闭的圆圈。将面圈推入预热至180℃（风扇烤箱160℃）或燃气挡为4的烤箱，烘烤30分钟，待酥皮隆起，呈现金黄色即可。将杏仁圈切成厚片盛出，趁热上桌，搭配蛋奶冻享用。

蓝莓夹心饼
Blueberry Banburys

4人份

1 将一张现成的千层酥皮擀成薄酥皮，从中切下6块大的圆形酥皮。将200克蓝莓、50克融化的黄油、125克金砂糖、1茶匙混合香料粉混合均匀。然后将蓝莓馅料平均分配到每一张圆形酥皮上。

2 给酥皮边缘抹点水，接着将酥皮折起，盖住蓝莓馅，形成一个椭圆形。将酥皮结合处的边缘捏紧、封闭。将馅饼翻转过来，折痕的一面朝下，然后轻轻地用擀面杖按压，然后摆在不粘烤盘上，用刀在每个馅饼顶部划上3道斜纹。刷上打发好的蛋清，撒上黄砂糖。推入预热至180℃（风扇烤箱160℃）或燃气挡为4的烤箱，烘烤15分钟，待馅饼呈现金黄色即可。

甜品伴侣
Sweet Accompaniments

怪味樱桃
Spiced cherries

我最喜欢用来搭配巧克力甜品的小零嘴：炖樱桃配上冬日香料妙不可言。

6人份

1个450克浸在糖浆里的去核樱桃罐头
75克浅色红糖
2茶匙混合香料粉

1 沥干樱桃，放在一边。

2 将糖浆倒入小炖锅内，加入浅色红糖和混合香料粉煮沸。加入樱桃，煮5分钟。将樱桃留在糖浆中晾凉。

覆盆子旋涡奶油
Raspberry swirl cream

有时候在你享用挞或派的过程中，仅仅一抹新鲜的鲜奶油就足够让你大快朵颐，但有时候也可以换换花样，在奶油中拌上几圈新做好的稀果酱呢。

6人份

300克新鲜覆盆子（2盒）
500毫升鲜奶油
75克香草糖

1 将新鲜覆盆子放入细格筛子中，按压过滤，得到细腻柔滑的覆盆子泥。

2 将鲜奶油搅打浓稠，直至口感适中。将香草糖倒入奶油中搅拌均匀后，把奶油做成旋涡状淋在覆盆子泥上。

柠檬奶酪
Lemon cheese

这道奶油般柔滑的奶酪能使那些油腻的布丁口感变得清爽嫩滑，柠檬酒和柠檬皮碎那扑鼻的香味与马斯卡邦尼奶酪的浓烈奶油味完美地融合到一起。

6人份

200克马斯卡邦尼奶酪
2汤匙柠檬利口酒
1个柠檬，将外皮切成长条状

---

1 将马斯卡邦尼奶酪放入碗中，往里倒入柠檬利口酒，搅拌均匀，盛入碗或盘内。

2 在顶部撒上切条的柠檬皮做点缀。

红色浆果热蜜饯
Warm red berry compote

这道温馨的水果蜜饯香浓多汁，额外加入的薄荷和罗勒吃起来也让人神清气爽。

6人份

100克黄砂糖
150毫升水
1根香草豆荚，纵向切成两半
150克草莓
150克覆盆子
150克蓝莓
2汤匙无盐黄油
3片罗勒叶，切碎
3枝薄荷尖，切碎

---

1 将黄砂糖倒入炖锅内，加水煮沸。加入香草豆荚煮10分钟，离火，捞出香草豆荚扔掉。

2 接着往炖锅内倒入草莓、覆盆子、蓝莓、无盐黄油，煮2分钟，将浆果加热即可，不要煮沸。

3 离火，加入罗勒碎和薄荷碎，轻轻搅拌，然后将浆果装盘上桌。

英式奶油酱
Crème anglaise

这道奶油酱奶味香浓——我用奶油替代了牛奶，这个方法能让甜品变得更加美味。

6人份

25克黄砂糖

1茶匙玉米淀粉

4个鸡蛋黄

300毫升高脂厚奶油

1根香草豆荚，纵向切成两半

---

1 将黄砂糖、玉米淀粉、鸡蛋黄混合搅拌，直至颜色发白。

2 将高脂厚奶油倒入炖锅中，加入切成两半的香草豆荚煮沸后，捞出香草豆荚扔掉，往锅内拌入蛋黄液。中火加热，搅拌一会儿。将勺子插入其中后取出，如果勺子上裹了一层均匀的奶油，则浓稠度刚好。最后，将奶油通过筛子过滤到盘中，即可上桌。

粉红香槟沙冰
Pink champagne granita

这道简单易上手的沙冰跟水果布丁搭配起来吃很棒。

6人份

200克黄砂糖

250毫升水

2个未上过蜡的柠檬

750毫升粉红香槟或汽水

---

1 将黄砂糖和水倒入炖锅中，加热煮沸。当糖完全溶化后，将锅子从灶上移开，放在一边彻底晾凉。

2 直接将柠檬皮切碎到冷却的糖水里，加入鲜榨柠檬汁。然后缓慢地将粉红香槟或汽水倒入锅内。

3 将柠檬糖汁倒入一只浅烤盘或塑料盒中，放入冰箱冷冻。30分钟后，轻轻地搅拌正在结冰的冰粒。在接下来的3个小时内重复这个动作，沙冰会变得均匀而蓬松。用勺子将沙冰舀到你的甜点旁边，开始享用吧。

Index
索引

Thank you
致谢

首先，我要特别感谢蒂尼斯·贝茨和她在米歇尔·比兹利出版社的团队，感谢他们源源不断的支持，以及安排能干的艾莉森·斯塔林和我一起创作这本美好的书。我的每一份食谱都被雅致地展现出来，使它们看起来更加美味诱人了。感谢朱丽叶特和丝贝拉，她们帮助我完成了我的上两本书；感谢才华横溢的凯特·怀特科，她拍出来的照片太美了，照片中的我在工作现场也时刻保持着整洁优雅……我太喜欢这种一丝不苟的感觉了！所有的道具和造型都来自丽兹·贝尔顿，她为我们挑选的一切都是那么精美啊——它们真的是使我感觉到什么是与众不同。

我还要特别感谢我的食物评论家温蒂·李，她试吃了我每一道食谱，还帮忙更正了我的法式英语，还有蕾切尔·伍德，她确保了我在拍摄的时间内能做完所有的派和挞——很期待能与你再次合作。

最后，我想对埃里克团队和“蛋糕男孩”糕点店的团队衷心地说声谢谢，感谢他们对这个项目的耐心、激情和支持；感谢安，我的代理人；简，我的公关，以及阿歇特出版集团美国分部的丽兹·赫曼，她真心信任我，让所有这些美好的事情变成了现实。

谢谢大家

埃里克

阅 读 链 接

《戒不掉的法式烘焙：西点大师的烘焙纪事》

定价：46.80元